EL ORIGEN de la vida

EL ORIGEN de la vida

El Dao y la física cuántica

Juan Pablo Moltó Ripoll

OBERON

OBERON

Diseño de cubierta: Celia Antón Santos
Revisión y maquetación: Claudia Valdés-Miranda Cros
Responsable editorial: Eugenio Tuya Feijoó

Edición española:

Valentín Beato, 21
28037. Madrid
www.oberonlibros.com

PAPEL DE FIBRA CERTIFICADA

Depósito legal: M-22091-2024
ISBN: 978-84-415-5095-7
Printed in Spain

Si hablamos de vida, qué mejor que dedicar este trabajo a quienes
me la regalaron,
a Juan Enrique y MªCarmen,
allí donde el Dao los tenga.

Sobre el autor

El Profesor Juan Pablo Moltó es, hoy en día, uno de los mayores exponentes de la acupuntura integrativa y científica. Posee un máster en Psiconeuroinmunoendocrinología (Lima) y otro en Neuropsicología (Barcelona). Dirige el Instituto Internacional de Medicina Integrativa IICMI (Europa) de España y preside la Asociación Iberoamericana de Acupuntura Científica. Este gran divulgador a nivel internacional es fundador de la disciplina «PsicoNeuroAcupuntura» (convertida en maestría universitaria en México) e imparte formación en diferentes países. Autor de más de sesenta libros científicos, así como de artículos en revistas indexadas y ponencias en los mejores eventos internacionales, forma parte como investigador del Grupo de Investigación de Medicina Epigenética en Europa (GIMEP).

Agradecimientos

Al cerrar este capítulo de mi vida y abrir la cubierta de este libro, debo pausar para agradecer a aquellos cuyo apoyo y dedicación han sido vitales en la culminación de este proyecto.

Primero, mis más sinceras gracias a Claudia Valdés-Miranda Cros, cuya meticulosa corrección de cada página ha enriquecido profundamente este texto. Su paciencia y precisión no solo mejoraron este manuscrito, sino que también me enseñaron el verdadero valor de la atención al detalle.

Tengo una deuda de gratitud con Eugenio Tuya Feijoó, mi editor. Su visión y perseverancia fueron cruciales para dar forma a las etapas finales de este libro. Quiero decir que su incansable espíritu y dedicación no han pasado desapercibidos y estoy profundamente agradecido por su guía y su inmensa paciencia.

No puedo dejar de mencionar a Rute Pereira, compañera de viaje en esta increíble aventura de vida. Su apoyo constante y amor incondicional han sido mi fuente de inspiración y, sobre todo, su sabiduría en metafísica ha enriquecido este trabajo.

Finalmente, agradezco a todo el equipo del Instituto Internacional en Ciencias Médicas Integrativas (IICMI). Su colaboración y espíritu de equipo no solo han contribuido al éxito de este proyecto, sino que también han reafirmado mi fe en el poder de la colaboración científica y teórica.

Gracias a cada uno de ustedes por ser parte de este viaje. Cada palabra en estas páginas lleva impresa una parte de su esfuerzo y dedicación.

Contenido

Prólogo

Conocí al profesor en el año 2016, en el máster de Psiconeuroacupuntura, en Lisboa, Portugal. Cuando lo vi por primera vez, percibí esta inquietud científica, esta voluntad vibrante de compartir conocimiento, tanto conocimiento tenía, que no cabía dentro de él y debía ser compartido de inmediato y con urgencia. Atención que no me refiero a verter información sin orden ni control, mi referencia es en el sentido de compartir y donar, por generosidad. Percibí también en él a un ser humano consciente y divertido, ansioso por explorar el mundo y el universo, con ese encanto específico de la infancia que nunca debemos perder. Y esta fue la idea generalista con la que quedé de este profesor español, que impartía un curso muy especial en Lisboa. Volví a encontrarlo al inicio del presente año, mientras enseñaba el diplomado de Acupuntura Científica Integrativa, también en Lisboa, y fue un reencuentro muy feliz, donde percibimos más afinidades y tuvimos la oportunidad de compartir ideas que fluían sin cesar de nuestras conciencias. En el momento presente, tengo el placer de colaborar con Juan Pablo Moltó en investigaciones para el desarrollo y expansión de la acupuntura y la medicina china, y también en el desarrollo humano integral, y la verdad, está siendo una aventura increíble y, al mismo tiempo, un viaje lleno de propósito y sentido.

Cuando el profesor me invitó a escribir este prólogo, sentí una enorme responsabilidad, pues bien sé que siempre nos habitúa a una escritura muy plena y profunda, y además, el título de este libro, ya de por sí, demuestra gran atrevimiento, atrevimiento que solo es posible para una conciencia elevada, valiente y permanentemente inquieta. Esta apasionante obra busca responder a las preguntas más internas de la humanidad relacionadas con la vida y su origen, conectando hilos y líneas de pensamiento desde la antigüedad hasta nuestros días, desde la metafísica hasta la ciencia moderna. De manera brillante, el profesor Juan Pablo, busca llevarnos al primer pulso de la Vida, al primer movimiento expansivo del Dao, al inicio de los inicios: la Fuente, lo Absoluto, el Big Bang y sus infinitas expresiones. Trabajando el concepto de dualidad, de bien y de mal, y de división donde la mente humana tiende a perderse y enredarse, comprendemos que la verdad del Dao no se puede fragmentar a no ser para que se comprenda, y que cada uno de esos fragmentos es como la pieza de un rompecabezas que contribuye al reconocimiento de la Unidad que él mismo representa. La verdad del Dao, está siempre en quien reflexiona y lo cuestiona de una manera interesada y evolutiva. Siempre que alguien piensa, siente, indaga, pregunta y busca el origen de la vida, forma parte y contribuye a colocar más de una pieza en ese rompecabezas que es el Dao. Trabajando a partir de la dualidad, podremos llegar a la unidad, pero eso solo puede suceder, cuando humildemente aceptemos las sabidurías ancestrales espirituales (que fueron dadas a las sociedades de acuerdo con sus capacidades de entendimiento, bajo las leyes de los tiempos y las culturas en las que se insertaban). Decían los terapeutas Kobdas del antiguo Egipto: «existe belleza hasta debajo de una piedra, tienes que saber verla».

En este libro, el autor va más allá del bien y del mal, uniendo Oriente y Occidente, ciencia y espiritualidad, en la búsqueda de la respuesta que lleva en su interior, grabada en su ADN, impresa en su cuerpo y en su alma, para enriquecernos con este grandioso ensayo y llevarnos a reflexionar cada vez más profundamente, sobre sus palabras y el silencio de nosotros mismos, sobre lo que es verdaderamente el Dao y el origen de la vida. Juan Pablo nos invita a encontrar la unidad más allá de la dualidad, a encontrar a Dios dentro y fuera de nosotros, mostrándonos que, en el fondo, no existe nada fuera que no sea un reflejo creado desde nuestro interior, como partículas cósmicas que somos, con las mismas cualidades y similitudes del tejido universal de la vida, del Dao, de

Dios. Y aquí está para mí, la síntesis de este grandioso ensayo: la toma de conciencia de esta conexión invisible pero absolutamente real entre todas las infinitas expresiones del Dao. Alcanzar esta síntesis, es llegar al nirvana, a la libertad y a la plenitud de la vida y, sobre todo, comenzar verdaderamente a vivir, y no solo a existir. Creo completamente que este ensayo ha exigido de su autor despojarse de prejuicios y creencias a nivel individual y colectivo, que lo ha hecho despertar más profundamente a la realidad de fluir con la vida, frase que él utiliza con cierta frecuencia, incluso en sus cursos. El fluir del Dao dentro de él, es un regalo maravilloso que ha compartido con nosotros en todos sus libros, pero en este se percibe de una forma aún más cruda, honesta y, a veces, brutal, donde todo aquello que aparenta ser no lo es, es simplemente una imagen que la física cuántica pretende trascender en relación con el origen de toda la vida, aquello que los chinos llamaron Dao, el «absoluto incognoscible». Muchas felicidades, profesor Pablo. Para mí, una obra increíble. Le deseo las mayores felicidades, en el fluir del Dao.

—RUTE ISABEL PEREIRA
formada en Medicina Tradicional China por la UMC
máster en Psicoeuroacupuntura por el IICMI.
Desarrollo Humano Integral.

Introducción

En la confluencia entre ciencia y filosofía emergen interrogantes fundamentales acerca de nuestra existencia y el universo que nos envuelve, así como el gran misterio sobre cómo surgió la vida. *El origen de la vida, el Dao y la física cuántica* es una obra que se adentra en una exploración multidisciplinar desafiando las barreras tradicionales del saber científico, filosófico y metafísico. Este texto es el reflejo de una vida dedicada al estudio meticuloso y apasionado tanto de las ciencias orientales como de las occidentales, que abarca más de tres décadas de indagación teórica y aplicada e intenta arrojar algo de luz sobre estas preguntas. Sé que muchas de las cosas que voy a proponer todavía hay que demostrarlas, sin embargo, todos sabemos que la ciencia a lo largo de la historia ha ido gestando hipótesis que después se han confirmado. En este libro, que ahora tiene usted en sus manos, vamos a navegar por un mundo apasionante donde las ideas irán tomando forma y, al final, cobrarán sentido. Ahora solo queda seguir avanzando en este camino.

Frecuentemente, los profesionales de la salud se centran en el análisis de la enfermedad y el sufrimiento humano. No obstante, rara vez nos detenemos a meditar en profundidad sobre la esencia de la vida misma, queremos gozar de salud sin conocer y entender realmente qué es la vida y cómo surge: ¿de dónde emerge? ¿Cuáles son sus características fundamentales? ¿Cómo podemos interpretar la vida desde una óptica que supere el paradigma biomédico tradicional? Este libro se propone iluminar la manifestación de la vida mediante un diálogo entre el Dao y los principios de la física cuántica, situando estas cuestiones en el corazón de su narrativa. Hay un principio hermético que lo rige todo y dice: «así como es arriba es abajo». Esta idea puede parecer simple e incluso ingenua, sin embargo, la naturaleza del cosmos responde a este isomorfismo metafísico. Las culturas antiguas misteriosamente entendieron de algún modo las leyes de la naturaleza y así las describieron. Hoy en día, la ciencia no solo las describe sino que las consigue explicar; la física moderna arroja luz a nuestras intrigantes explicaciones que, si estamos atentos, nos dan las claves para entender o al menos acercarnos, a los grandes misterios del cosmos. El cosmos está vivo, pues nosotros no somos más que su propia evolución y, hasta donde yo sé, estoy vivo, tengo pulsación, una fuerza que debemos añadir a las fuerzas físicas de la propia naturaleza como la fuerza nuclear débil, la fuerte, la gravitacional y la electromagnética. La vida no es más que otra fuerza que experimentamos y que, precisamente por eso, no podemos comprender; la gravedad la sentimos como algo fuera de nosotros, mientras que la fuerza de la vida no la experimentamos de la misma forma, en realidad somos eso y por ello nos cuesta capturarlo, pero el misterio se desvelará en estas páginas o por lo menos se darán nuevas ideas que nos acercarán a nuestro objetivo.

Mi trayectoria profesional se inició con un compromiso intenso hacia el estudio de las ciencias orientales, con un enfoque particular en la psiconeuroacupuntura. Mi trabajo académico consistió en entender cómo el ser humano sufre y cómo la mente está detrás de todo esto, sin embargo, existía una laguna que era la mente y, sobre todo, la conciencia. Esto me llevó rápidamente a la siguiente pregunta: ¿qué tiene conciencia? Los humanos, los perros, las hormigas y las plantas, creo que sí, que tienen su propia conciencia o forma de sentir y de percibir. Pero una piedra, ¿tiene conciencia? Es posible que no, pero que tiene una hormiga que no tenga una piedra, pues sabemos que tanto una piedra como una hormiga al final, en lo más ínfimo, están hechos de átomos, es decir, de materia y energía, pero la hormiga tiene algo misterioso que no tiene una piedra, y eso es vida. Así pues, para empezar a entender todo era necesario entender lo fundamental, la vida. Este interés teórico, en colaboración con instituciones prestigiosas como la Universidad UNEVE, en México, me permitió elevar la disciplina que desarrollo a un nivel de maestría universitaria, fusionando los métodos tradicionales con investigaciones científicas vanguardistas. Sabía que la psiconeuroacupuntura podía ayudar a combatir el sufrimiento humano, pero me faltaba algo, algo básico para entender el sustrato metafísico donde se asienta ese sufrimiento, es decir, la propia vida. La exploración se ha extendido a lo largo del tiempo hacia disciplinas como la biología, la física y la filosofía, cada una de las cuales ha contribuido a una comprensión más profunda de la esencia del ser humano y las bases de su existencia.

En este punto, es crucial reflexionar sobre cómo la tendencia contemporánea hacia la especialización en áreas específicas ha permitido a la humanidad alcanzar avances notables en campos del conocimiento muy delimitados. Sin embargo, este enfoque a menudo nos ha alejado de una comprensión holística de los fenómenos complejos. En un mundo donde la especialización es la norma, corremos el riesgo de perder la visión del conjunto, un aspecto esencial cuando se trata de entender entidades tan intrincadamente interconectadas como la vida y el universo. No creo que la vida pueda ser explicada solo desde la biología, ni solo desde la física. Creo que para un fenómeno tan intrigante, todas las ciencias deben aportar su grano de arena, para, desde una visión ecléctica poder arrojar algo de luz. Es obvio que tal vez esto traerá algún problema teórico, pues hablar de una visión ecléctica puede acarrear ciertos errores teóricos, pero creo y asumo que esos errores podrán ser corregidos con el estudio completo de esta propuesta y entre todos seguir avanzando y puliéndola.

Es por esta razón que he buscado, a lo largo de mi carrera, sumergirme en diversas disciplinas. Este enfoque multidisciplinar es esencial para fomentar un holismo teórico que permita integrar conocimientos de ciencias tan diversas como la biología, la física y la filosofía oriental. Reconozco que algunos aspectos tratados en este libro pueden parecer tocados apenas superficialmente y que existen teorías alternativas que podrían contradecir o mejorar los puntos discutidos. Sin embargo, he buscado entretejer estos diversos hilos de conocimiento en un tapiz coherente, con el objetivo de proporcionar un marco suficientemente integrador que dote de sentido a este texto y, por ende, a la exploración del misterio de la vida y de la estructura del cosmos. El trabajo lo he desarrollado a base de postulados que, lejos de ser verdades absolutas, me sirven para dar sentido a estas ideas; cada postulado es un ladrillo que sirve para construir una hipótesis atrevida, sin duda, pero que podría servir de motivación a aquellas personas que saben más.

Este libro, por lo tanto, no solo busca presentar una amalgama de conocimientos, sino también invitar a la comunidad científica y filosófica a reevaluar la importancia del diálogo interdisciplinario. Al hacerlo, podremos abrir nuevas vías para comprender conceptos que, hasta ahora, han desafiado nuestras estructuras de conocimiento tradicionales. Aspiro a que este libro ofrezca nuevas perspectivas que iluminen aquellos conceptos que, de manera esquiva, hemos denominado como «vida» y «Dao». Invito a los lectores a unirse a este viaje intelectual, donde la ciencia y la metafísica no se encuentran en oposición, sino que dialogan en una búsqueda conjunta de comprensión. En consecuencia, este texto no es solo una revisión académica, una amalgama de ideas arrojadas sin sentido, sino también un llamado a reexaminar nuestras percepciones más esenciales y a abrirnos a la posibilidad de que la física moderna junto con la filosofía ancestral puedan, conjuntamente, proporcionar respuestas a algunas de las interrogantes más profundas y persistentes sobre nuestra existencia y el entramado mismo del cosmos.

Capítulo 1

El pie de página que retó al Dao

Las ideas generales sobre el entendimiento humano ilustradas por los descubrimientos de la física atómica no son cosas completamente desconocidas, extrañas o nuevas. Incluso en nuestra cultura tienen su historia, y en el pensamiento budista e hinduista tienen un lugar central más considerable. Lo que encontraremos será una ejemplificación, un estímulo y un extracto de antigua sabiduría.

—Julius Robert Oppenheimer

Este ensayo tiene como objetivo abordar la compleja y ambiciosa tarea de explicar el origen de la vida y del universo, estableciendo una conexión entre estos fenómenos y las enseñanzas tradicionales del Dao. Además, se investigará cómo esta relación puede integrarse en los principios de la física contemporánea. Asimismo, se presentarán diversas teorías que podrían conducir a conclusiones audaces y transformadoras.

El ser humano siempre ha buscado entender el porqué de las cosas y entre estos cuestionamientos se encuentran el origen de la vida y del universo. Existen muchas teorías al respecto, pero todas son, de alguna manera, incompletas, ya que no logran explicar completamente la gran complejidad de fenómenos que emergen en la naturaleza.

Las conclusiones suelen ser dos: o bien hay un Dios que lo crea todo, cerrando así la cuestión, o bien la ciencia aún no tiene todas las respuestas, pero... se espera que las desvele con el tiempo. Ambas tesis requieren, en última instancia, un acto de fe.

En este ensayo, propongo ir más allá y abrir nuevos horizontes mediante dos herramientas clave que hoy tenemos a nuestra disposición: los grandes avances de la física moderna, basados en los descubrimientos en la física cuántica, y las enseñanzas ancestrales capaces de iluminar estos grandes descubrimientos y de converger en ideas innovadoras y audaces.

En la historia de la física, uno de los ejemplos más notables de teorías que han presentado ideas audaces es la teoría de la relatividad de Albert Einstein. Antes de Einstein, la física newtoniana y las leyes de Maxwell tenían gran aceptación como la base para comprender el universo. Sin embargo, Einstein desafió estas concepciones establecidas al proponer que ni el tiempo ni el espacio son absolutos y reformuló nuestra comprensión de la gravedad no como una fuerza, sino como una manifestación de la curvatura del espacio-tiempo provocada por la masa.

Figura 1.1.

Esta teoría radical alteró profundamente el campo de la física: desde la concepción de los agujeros negros y el comportamiento de los objetos en movimiento hasta las bases tecnológicas del GPS. Esto demuestra cómo las ideas intrépidas pueden redibujar los límites del conocimiento científico.

Las enseñanzas ancestrales han señalado fenómenos que, para una mente moderna, podrían considerarse conceptos metafísicos o místicos sin ningún valor real más allá del histórico y mitológico; es decir, conjeturas atávicas, ingenuas e incluso pueriles. Sin embargo, todo está cambiando. La ciencia moderna está experimentando un giro conceptual no visto desde la época de Newton. Aunque Newton contribuyó al pensamiento científico moderno que nos llevó a comprender el universo bajo leyes puramente deterministas, que lo alejaban de las enseñanzas antiguas clasificadas como místicas, la ciencia actual, desde Planck y su descubrimiento de los cuantos, está demostrando que el universo no es plenamente determinista, en especial, a nivel subatómico. En este mundo microscópico, las leyes de Newton no se aplican. Es precisamente en este nivel donde podrían encontrarse respuestas a las preguntas sobre el origen de la vida, ese impulso inicial en el que la materia es a la vez una onda y una forma de información. Tal vez estas nuevas ventanas del conocimiento nos lleven a entender o, al menos a aproximarnos, a una nueva forma de ver la supuesta realidad.

Es esencial construir el conocimiento humano desde una perspectiva teórica lo más neutral posible, basándonos en ideas y conceptos tomados de la filosofía y de la metafísica y, a su vez, unirlos a la física y entretejerlos con el concepto del Dao. Eso es verdaderamente lo difícil, poder llegar a entender el conocimiento o la escurridiza verdad desde un punto de partida diferente al que estamos condicionados. Para comprender el origen de la vida, del ser o del propio cosmos, debemos de comprender el verdadero Budakaya, ¿y eso qué significa? John Blofeld, en su obra *The Zen Teaching of Hua Hai*, describe la respuesta del maestro zen a su discípulo cuando le pregunta que es el Budakaya: «Significa haber dejado de percibir algo como existente o inexistente. El término existencia se contrapone al de inexistencia y este segundo se usa como opuesto al primero. A menos que aceptes como válido el primero de los conceptos, el otro no puede sostenerse. De igual modo, sin el concepto de inexistencia, ¿qué sentido puede tener el término existencia? Ambos términos deben su ser a una mutua dependencia y pertenecen al reino del nacer y del morir. Solo evitando este tipo de percepción dual podemos llegar a comprender el verdadero Budakaya».

Como señala el filósofo Wittgenstein: «No estamos analizando un fenómeno… sino un concepto... y, por lo tanto, el uso de una palabra». El Budakaya está fuera de nuestro alcance, pues deshace el sentido común de nuestro lenguaje «dual», por eso es tan difícil de entender.

Nuestra mente está condicionada por el pensamiento dualista, creado para representar y entender lo alto a través de lo bajo y ese dualismo está atado a nuestras palabras, construimos un mito de la realidad que percibimos y que intentamos aprender con nuestras palabras, y ellas nos limitan en nuestras propias verdades y teorías, no podemos entender la vida y el cosmos con un lenguaje que no se base en el Budakaya, un lenguaje que no sea dual, y es ahí donde el misticismo se alía con la física moderna, donde las dualidades empiezan a perder sentido, una partícula puede ser una onda y una onda, una partícula, esto hace temblar la realidad de la física clásica que es determinista, mientras que la nueva fisca empieza a presentar una realidad indeterminista, una realidad que se comporta de una manera «extraña» o quizás de una manera no tan intuitiva. Sin duda, la naturaleza no responde a los deseos humanos, es mucho más que eso.

Por desgracia, debo recurrir al único recurso que tengo a mano, mi capacidad para reflexionar sobre el tema y, con ello, seguir utilizando la palabra contaminada por el dualismo que nos ata como un corsé a nuestra realidad, ahora bien y, en especial, en relación con otros autores que han intentado explicar el origen de la vida, en este ensayo siempre tendremos presente el Budakaya. Curiosamente, esta capacidad me la brinda el propio objeto de estudio. Yo, como sujeto, soy al final una manifestación del Dao y, en consecuencia, soy el propio Dao o parte de su existencia que se define a sí misma. Sin duda, esta visión puede estar muy sesgada. Soy plenamente consciente de que mi tesis está influenciada por mi propia observación, lo cual podría alterar los resultados finales. Por ello, el lector deberá estar siempre atento a este sesgo. Como señala la física, el observador puede influir en lo observado. La física cuántica plantea que el observador puede influir en lo observado, un concepto clave en la mecánica cuántica conocido como el «problema de la medición». Según el principio de superposición, las partículas pueden existir en múltiples estados simultáneamente hasta que se realiza una observación, momento en el cual la función de onda que describe estos estados colapsa en uno específico. Este fenómeno se ilustra en el experimento de la doble rendija, donde los electrones actúan como ondas y crean un patrón de interferencia cuando no son observados, pero se comportan como partículas cuando se mide su paso por una rendija específica. La paradoja del gato de Schrödinger también ejemplifica cómo la superposición cuántica se resuelve en un estado definido al ser observada. Estas ideas sugieren que la realidad cuántica es probabilística y que la observación interactúa de un modo fundamental con el sistema cuántico, mientras desafía las nociones clásicas de objetividad y determinismo en la ciencia, y a lo largo de este ensayo explicaré qué tiene que ver esto con el origen de la vida y el Dao.

En este sentido, la naturaleza del Dao responde amablemente a las preguntas que se le hacen. La naturaleza es generosa: si le preguntas si se comporta como una onda, te dirá que sí; si le preguntas si actúa como una partícula, también lo afirmará. La respuesta está intrínsecamente ligada a la pregunta formulada. Así, definimos la vida o el cosmos en relación con la pregunta que hacemos, y esa pregunta está vinculada al mito en el cual vivimos. Ahora recuerde el concepto del Budakaya, la dualidad sostiene que si algo es partícula no es onda, si es onda no es partícula, pero la física nos dice que sr puede ser partícula y onda, sin duda la plasmación del Budakaya en la física teórica.

La teoría genera el experimento que, a su vez, puede confirmar la teoría, aunque no siempre ocurre así. Siempre estamos sujetos a este sesgo. Mi única esperanza radica en que parto precisamente de esta premisa. Quizás sea un buen argumento para comenzar este atrevido ensayo sobre el Dao.

Uno de los problemas fundamentales es, precisamente, la dicotomía del pensamiento, el ser humano tiende a ver la realidad de forma dual, «fragmentada»: esto es bueno y aquello es malo. Pero algo bueno y malo al mismo tiempo no es bien recibido, no solo por nuestra razón, hasta me atrevería a decir que desde nuestra propia biología, somos animales que evolucionamos para ser reactivos ante estímulos que derivan en una conducta. Seguramente nuestros ancestros no podían juzgar los estímulos de forma intermedia, es decir, si vemos algo y nos ponemos a pensar si ese «algo» es bueno o malo, no puede ser ambas cosas, pues mientras pensamos, ese «algo» nos habrá comido. Sin embargo, el ser humano ha entrado en un estado en el cual se puede permitir la capacidad de reflexionar, imaginar otras acciones y causas, lo que, sin duda, es nuestra gran ventaja. No obstante, la dualidad sigue siendo muy poderosa, llevamos miles de años, por no decir millones, condicionados por la dualidad, nos cuesta ver que la verdad puede ser una mezcla coherente y complementaria de yin y yang en un punto donde el Dao tímidamente se deja ver o sentir.

Existe un gran *bestseller*, de los autores Michel-Yves Bolloré y Olivier Bonnassies[1], titulado *Dios, la ciencia, las pruebas: el albor de una revolución*, donde se intenta justificar la existencia de un Dios creador de todo lo que se manifiesta en el cosmos y evidentemente de la propia vida. Sin embargo, en este trabajo desde mi punto de vista, cometen un error crítico desde las primeras páginas y me atrevo a expresarlo, aunque pueda ser tildado de ingenuo. En el libro se mencionan ciertos aspectos de la realidad, de hecho, se señala que hay culturas que consideran el fenómeno de la creación desde un ángulo que se califica de primitivo y, en consecuencia, se descartan. Como suele hacer la ciencia con aquello que no se alinea con su discurso, lo que no se ajusta a sus designios es eliminado o escondido y si la ciencia hace esto, me atrevo a decir que las religiones lo hacen más. En las primeras páginas de este libro, que intenta justificar la existencia de Dios, se discute lo que constituye una prueba en general, y se concluye que una prueba es aquello que sirve para establecer que una cosa o teoría es verdadera, las pruebas, por lo tanto, nos señalan la verdad, mientras que las teorías solo la intuyen. Basándose en esta premisa, los autores proponen una definición perfecta para su objetivo, que es determinar cuál de las dos siguientes tesis es verdadera: si el universo fue creado por un Dios creador o si el universo es exclusivamente material. Si nos detenemos en esta cuestión, en su tesis ya exponen una dicotomía: A o B, blanco o negro. Observamos que no dan opción a una mezcla de A y B, y esto, desde mi punto de vista, es una gran limitación del ser humano, querer encasillarlo todo en A o B, cuando la verdad es siempre un poco de todo. La estructura del universo es más compleja que la simple dualidad.

Es crucial entender que, para que exista el yin, debe existir el yang, y viceversa. No podemos separarlos sin destruir la realidad. Sin embargo, el Budakaya nos dice que, si bien el yin y el yang forman una dualidad, la verdad está en su centro, no es ni yin ni yang. En Occidente, venimos destruyendo el Budakaya desde las tesis de Descartes, donde se separó el ser material de su fuerza de vida y con ello de la conciencia.

La idea central de Descartes se basa en su método de duda metódica, que cuestiona todas las creencias que podrían ser inciertas para llegar a una verdad indudable. Este proceso culmina en su famosa afirmación: «*Cogito, ergo sum*» ('Pienso, luego existo'), que establece el pensamiento y la existencia del yo pensante como la primera certeza indudable. A partir de esta base, Descartes reconstruye el conocimiento y fundamenta la existencia de Dios y la distinción entre mente y cuerpo. Se separa la mente (la sustancia pensante) del cuerpo y se crea la ilusión de una dualidad irreconciliable. Esto es un gran error, pues el cuerpo y la mente son lo mismo; solo los extremos de esta dualidad dan la creencia de esta falsa división.

Sin embargo, en este libro que trata de Dios, las pruebas y la ciencia, justo en esta dualidad, hacen un pie de página donde despachan las dualidades que nos les interesan y que, en mi opinión, contienen precisamente la verdad que ellos excluyen en todo su libro, por no comprender que, en la dualidad siempre hay un centro y que, la verdad como tal, si es que existe, debe estar siempre centrada entre los opuestos. A esto es a lo que llamamos el Dao filosófico del yin yang. En este famoso pie de página[i] se comenta:

> *Estas dos teorías opuestas no abarcan totalmente el campo de lo posible.[ii] En su frontera se sitúan creencias bastante difundidas acerca de espíritus o fuerzas espirituales que no procederían*

---

i Edición 4ta, p. 36, pie de página 5. Michel-Yves Bolloré y Aivier Bonnassies (2023).

ii En estas dos teorías se refieren a: «si el universo fue creado por un Dios creador» y «el universo es exclusivamente material».

necesariamente de un Dios creador. Se trata, sobre todo, de religiones primitivas como el animismo y el chamanismo, y de las religiosidades en filosofías asiáticas como el budismo, el hinduismo y el brahmanismo de la New Age.

Sin embargo, estas creencias nunca se ven teorizadas de manera racional y no dicen nada acerca de la naturaleza y el origen de estas supuestas fuerzas espirituales o de esos espíritus; permanecen incomprensibles e, incluso sus propios adeptos, son incapaces de presentar una exposición lógica al respecto. Estas condiciones resultan imposibles de incluir en una reflexión basada en la razón.

Con respecto a la frase: «estas creencias nunca se ven teorizadas de manera racional», justo en este ensayo vamos a teorizar y así podremos argumentar.

Si analizamos en profundidad este pie de página, enseguida recordamos al famoso Einstein[iii] cuando sostenía que: la teoría construye la realidad y no al revés. La sociedad siempre ha creado la teoría del Dios creador y las sociedades que no se alinean con esta teoría quedan descartadas, desde esta perspectiva este ensayo no tiene sentido, pues el origen de la vida es mano y obra de Dios, pero, y si resulta que hay un poco de todo, sigamos analizando el pie de página.

El pie de página comienza señalando: «Estas dos teorías opuestas no abarcan totalmente el campo de lo posible». Entonces damos por hecho que el resto del libro está sesgado con este prejuicio (no crean que estoy haciendo una crítica del libro de Michel-Yves, estoy haciendo una crítica a este punto, el libro es muy interesante), el propio autor sabe que hay otras teorías, pero las excluye de forma literal. Siguiendo con análisis del texto, dice: «estas creencias nunca se teorizan de manera racional y no se dice nada acerca de la naturaleza y el origen de estas supuestas fuerzas espirituales o de esos espíritus».

[iii] Einstein y otros científicos discutieron la relación entre las teorías y cómo éstas influyen en nuestra percepción y comprensión del universo. Uno de los puntos clave era que nuestras teorías científicas y marcos conceptuales moldean la forma en que interpretamos los datos y los fenómenos del mundo físico, en el sentido de que las teorías no son simplemente descripciones pasivas de una realidad preexistente, sino estructuras activas que configuran nuestra comprensión y enfoque hacia esa realidad.

Tomo como punto de partida este libro para teorizar sobre este tema. Mi objetivo es demostrar una tercera vía entre las dos teorías que sostienen que el universo fue creado por un dios o que es puramente material y sigue únicamente leyes físicas, el lector se puede preguntar con razón: «pero ¿este libro no va sobre el origen de la vida?». Sin embargo, para llegar a responder a esa pregunta debemos cimentar algunas ideas previas sobre algo más fundamental, pues el origen de la vida y del universo están intrincadamente unidos, son manifestaciones de los mismos fenómenos.

Mi enfoque filosófico y teórico es oriental; sin embargo, mi historia y mi vida son occidentales. He nacido y crecido en un entorno occidental, lo que ha moldeado mis valores y creencias. A pesar de esto, he tenido la oportunidad de sumergirme en la cultura oriental durante más de la mitad de mi vida, lo que me ha convertido en un híbrido de orientalismo y occidentalismo. Esta mezcla puede ser beneficiosa para analizar y ser consciente de situaciones que nos pueden llevar a errores.

Permítanme ilustrar esto con un ejemplo de la China de los años cincuenta. Durante esa década, la cosecha de trigo en China fue pobre. Los responsables agrícolas informaron a Mao Tse-Tung que los gorriones habían consumido una gran parte de las semillas sembradas. Mao realizó un razonamiento lógico: si se eliminan los gorriones, se preservarán las semillas, lo que a su vez aumentará la producción agrícola. Esta lógica parecía irrefutable y, en 1958, durante la campaña del Gran Salto Adelante, se implementó la erradicación de los gorriones en todo el país sin ninguna experimentación previa. Esta acción desencadenó una gran hambruna que causó millones de muertes. Resultó que, aunque los gorriones se comían las semillas, también consumían las lombrices e insectos que dañaban los cultivos. Este aspecto crucial fue ignorado por Mao y sus asesores.

Este caso ilustra la importancia de considerar todos los factores de un fenómeno y reconocer que nuestra teoría siempre será provisional. En este ensayo, subrayamos la importancia de las pruebas sobre los argumentos teóricos, esperando que este texto sirva de catalizador para que científicos con una mentalidad daoísta puedan plantear pruebas y experimentos que desafíen nuestras propuestas.

Capítulo 2

La semilla del movimiento y la pulsación

La fuerza vital primigenia: una reflexión desde la filosofía oriental y la ciencia moderna

En el ámbito de la filosofía oriental y de numerosos conocimientos místicos, se hace referencia a una fuerza vital primigenia que trasciende las energías convencionales conocidas. Esta fuerza esencial se denomina «Dao», un concepto que encarna la fuente primordial de todo lo existente. El Dao no reside en lo presente o en lo manifestado: es lo que da forma a lo que se manifiesta y actúa como el agente informativo que imprime movimiento a las sustancias. Es el eterno devenir de Heráclito, el filósofo que sostuvo que el fundamento de todo está en el cambio incesante.

La ciencia moderna y, en particular la física, está continuamente buscando el origen del universo y la fuerza que puso todo en movimiento. En este sentido, una de las grandes preguntas es si el universo comenzó a moverse en un momento dado o si siempre ha estado en movimiento. La búsqueda del origen del universo es una de las cuestiones más profundas y persistentes en el ámbito científico al igual que la búsqueda del origen de lo vivo.

El Dao, como concepto, puede ser visto como una representación de esa fuerza misteriosa y primordial que la ciencia intenta comprender. Mientras que la física busca explicaciones a través de teorías y observaciones empíricas, el Dao ofrece una perspectiva más holística y espiritual sobre el origen y la naturaleza del movimiento y el cambio. Esta reflexión nos invita a considerar cómo diferentes tradiciones y disciplinas abordan las mismas preguntas fundamentales desde ángulos distintos. La filosofía oriental y la ciencia moderna, aunque aparentemente divergentes, pueden ofrecer perspectivas complementarias sobre el origen y la naturaleza del universo, enriqueciendo así nuestra comprensión de la realidad en su totalidad. ¿Qué es la vida sino movimiento y cambio, entre otras cosas?

La descripción del Dao en el pensamiento filosófico chino tiene ciertas similitudes con algunas ideas de Platón, en especial, en lo que respecta a los conceptos de formas ideales y la realidad subyacente que estructura el mundo visible. En la filosofía de Platón, existe un mundo de formas (o ideas) que son perfectas y eternas y constituyen la esencia verdadera de todas las cosas que percibimos en el mundo físico. Las formas son inmutables y representan lo que realmente «es», en contraste con las copias imperfectas que vemos en nuestra realidad cotidiana. En este sentido las ideas serían inmateriales y las copias serían la manifestación de estas en el cosmos.

Sin embargo, es importante señalar que en la idea del Dao, en ese estado primordial donde existe la potencialidad de lo existente, el Dao es precisamente eso: potencialidad. A diferencia de la idea perfecta y eterna platónica, la potencialidad se manifiesta en información, se materializa en lo perceptible y no está prefijada. El Dao es un hervidero de información que genera las «ideas» que, a su vez, se autogeneran en un baile creativo y de proyección en el cosmos, siguiendo principios evolutivos, una especie de autopoiesis emergente. En este sentido la diferencia entre el planteamiento platónico y el nuestro es que las ideas de Platón son eternas, mientras las del Dao son dinámicas y evolutivas, en pocas palabras, el Dao de hoy no será el Dao de mañana.

La información del Dao está plasmada en la materia del cosmos y es solo esa materia la que percibimos a través de los sentidos. En este sentido, Dao y cosmos son lo mismo, solo que el Dao es la información —no es materia— y la materia es esa información colapsada. Usted y yo somos precisamente eso, un reflejo del Dao en un punto dado del espacio-tiempo que se manifiesta en lo que experimentamos como vida, en un proceso de devenir.

En este sentido, el Dao es potencialidad informativa: es la información del cosmos, siendo el cosmos el sustrato de esa información. De alguna manera, el cosmos es la memoria del Dao. Este está en eterno movimiento, lo cual a la vez lo define. No es estático ni inmutable, es decir, no es determinista: un punto crucial de nuestro ensayo. La pregunta de si Dios y la ciencia son deterministas o indeterministas es una lucha eterna del intelecto humano. Sin embargo, debemos reconocer que son ambas cosas, como sostuvo Bohr en su principio de complementariedad: en lo manifestado se comportan de un modo determinista y en la potencialidad, son indeterministas. Pero Dios no juega a los dados, en cada acción se acumula información. De esto debemos hablar y teorizar para cumplir con el pie de página 5 del capítulo 1 de *Dios, la ciencia, las pruebas: el albor de una revolución*.

El papel del demiurgo en el *Timeo* de Platón, es el del artesano divino que moldea el cosmos sensible (nuestro mundo) a partir de las formas eternas, mediante una materia receptiva y maleable. Dicho proceso es un eco del concepto de Dao, en cuanto a que este da forma y movimiento a todo lo que existe, aunque él mismo está más allá de la manifestación. Desde la perspectiva del Dao, el demiurgo es el propio efecto, el hervidero; no es una cosa, sino el proceso que crea la cosa, que, a su vez, es el reflejo del mencionado proceso que se encuentra en continuo movimiento.

No hay nada quieto en el universo, ni siquiera la luz. Maxwell demostró que es una onda electromagnética y las ondas electromagnéticas son viajeras perpetuas. Nunca reducen su velocidad, nunca se detienen y esa velocidad es, según Einstein, una constante universal. Es importante tener presente que la luz no tiene masa; en su momento explicaré por qué. Otro aspecto crucial es que, una vez formados, los fotones o neutrinos viajan a la velocidad de la luz desde el momento de su creación, sin haber sido acelerados nunca desde una velocidad más lenta.[1] En este sentido observamos como el movimiento no necesita un empuje, el movimiento es esencial, sobre todo a la escala de la luz.

Tanto el Dao como las formas platónicas son trascendentales en el sentido de que están más allá de la realidad física y perceptible. Sin embargo, son inmanentes en tanto que todo lo existente participa o deriva de ellas. Esta dualidad resalta cómo lo inmutable y eterno puede dar origen y forma a lo mutable y temporal. Heráclito y Anaximandro fueron los padres del cambio y la diversidad de la realidad, la del Uno escindido en lo múltiple, que vive en los corazones y no es un más allá trascendente. Filósofos más contemporáneos como Whitehead elaboraron una filosofía centrada en la noción del proceso: no hay seres, sino procesos. El ser, si es que es algo, es el camino. En las filosofías del devenir, el universo está abierto y su desenlace es incierto. En este sentido, no hay determinismo; es un proceso, un movimiento en una rueda que se simboliza bien en el símbolo del Dao como el yin y el yang. El Dao es enactivo, es un proceso que se crea y recrea en un devenir constante y perpetuo, creando espacio y tiempo en un fluir continuo y circular, donde no hay principio ni fin o el principio y el fin son una ilusión del punto en el círculo.

El ser humano experimenta su vida como un principio y un fin, nace y muere así siente su realidad sin darse cuenta de que es un proceso en continuo movimiento. No estoy hablando de reencarnación ni nada de eso; va más allá. De hecho, podríamos decir que la vida es una enfermedad mortal de trasmisión sexual y, en este sentido, el movimiento de la vida nunca muere, a diferencia del organismo que la contiene, que sucumbe a las leyes de la termodinámica.

Por lo tanto, observar una dualidad yin o yang es un absurdo, ya que entre el mundo físico intemporal y una conciencia temporal se resuelve la dicotomía si consideramos que lo intemporal es el Dao y lo temporal son nuestros propios procesos mentales. Así, nuestra mente se desplaza a lo largo de la línea o el círculo del tiempo universal y experimenta lo tangible, mientras que el Dao permite y permanece en ese hervidero de producción de información intangible.

Es crucial advertir la diferencia entre el Dao, que es esa conciencia en la cual hierve la información, y la naturaleza, que es la manifestación física de ese Dao, sometida a las leyes de Newton. O como dice el físico David Bohm: el mundo plegado y desplegado.[2] Por esto, hay un devenir que los humanos no podemos percibir y un determinismo que nuestra conciencia nos presenta. Esta conciencia permite una contemplación irónica de la propia mente. La sucesión de los eventos aún no perceptibles es tan real como lo tangible; negarlos es negar la realidad.

Alfred North Whitehead fue un filósofo y matemático inglés cuyas ideas abarcaron una amplia gama de disciplinas, incluidas la filosofía de la ciencia, la educación, la metafísica y la lógica. Su pensamiento es complejo y extenso, pero algunos de los conceptos clave y la idea general de su filosofía son muy afines con nuestro discurso. Whitehead es quizás más conocido por su filosofía del proceso, que propuso en su obra *Proceso y realidad*: «la realidad no está compuesta por objetos estáticos, sino por procesos de devenir». Para él, todo en el universo es esencialmente dinámico y está en constante cambio. Describe que el mundo está compuesto por «eventos o entidades actuales» que emergen y desaparecen, mientras influyen en el devenir de otros eventos. Estas entidades no son solo materiales, sino que también incluyen aspectos de experiencia y conciencia. A diferencia de la perspectiva mecanicista de la ciencia tradicional, que ve el mundo como si estuviera compuesto por partes discretas que interactúan de maneras fijas, Whitehead propone un enfoque más orgánico. En su visión, el universo es un entrelazado de procesos que se influencian mutuamente de manera integrada y cohesiva.

Al efecto, me recuerda a William James cuando, en su libro *Principios de psicología*, en el capítulo IX titulado «El curso del pensamiento», confesó que aprendió que, si se tienen una serie de cosas conectadas y se procede a separarlas, el resultado no tiene nada que ver con la situación real. (Y esto, añado yo, es precisamente lo que hace la ciencia actual). Este libro de William James afectó profundamente a Bohr o, al menos eso decía Heisenberg, y en consecuencia influyó en su forma de ver la física.

Esta teoría sugiere que las entidades actuales no interactúan a través de causas mecánicas simples, sino a través de procesos de «prehensión o aprehensión», en los cuales las entidades incorporan aspectos de otras entidades en su propia constitución en un proceso continuo de autocreación. Y es justo así como el Dao se manifiesta, en un continuo estado de cocreación y reflexión. Volviendo a Platón, el conocimiento verdadero viene de entender las formas, que son la realidad última. En el pensamiento taoísta, comprender el Dao es esencial para entender el universo y cómo vivir en armonía con él, lo cual también implica un conocimiento más profundo y esencial que lo meramente sensorial o fenomenológico.

El movimiento: la esencia del devenir

Figura 2.1.

El Dao cristaliza en la materia y, como todos sabemos, la materia vibra y la vibración es sonido. Sin embargo, el sonido primigenio se emite desde el Dao y las culturas ancestrales lo llamaron ॐ (Om). Una vibración que antecede a la materia.

En la filosofía hindú se dice que Krishna da el primer empujón y luego, mediante empujones progresivos, toda la manifestación cósmica llega a existir y es mantenida. Podemos ver esto en el *Bhagavad-gita* (9.10): «Esta naturaleza material está actuando bajo mi dirección y está produciendo todos los seres móviles e inmóviles». En el taoísmo se dice que del Dao nace el uno, del uno el dos, del dos el tres, y así los mil seres. Pero ¿qué es el Dao? ¿Qué es el primer empujón? Entonces, ¿hay un inicio, un primer empujón o todo fluye en un devenir eterno, con la idea del círculo?

Creo que es aquí donde nuestra experiencia nos juega una mala pasada. Experimentamos la realidad bajo el concepto de inicio y esto es un mito, el mito de la creación. No hay un inicio; hay un proceso que, en la manifestación, se experimenta como un inicio. En cosmología se llama Big Bang, pero ese big bang que experimentamos y que la ciencia conceptualiza no es más que un proceso dentro de un devenir de miles de big bangs que fluyen y borbotean.

Es interesante establecer un paralelismo con la terminología de la física cuántica moderna, en donde el Dao podría equipararse al «campo del punto cero» (CPC). Este campo no se concibe como un vacío absoluto, sino como un dominio repleto de posibilidades y actividad latente, depositario de las virtudes del Dao: información, movimiento y sonido primigenio. A continuación, definiré con precisión qué es el campo del punto cero, ya que este concepto será fundamental a lo largo de este trabajo.

El campo del punto cero

El campo del punto cero es un concepto de la física cuántica que se refiere a la energía más baja posible que puede tener un sistema cuántico en su estado fundamental. Este concepto surge de la mecánica cuántica y las propiedades del vacío cuántico, que es bastante diferente del vacío clásico o del vacío en el sentido común, que se imagina como un espacio completamente vacío sin partículas ni energía. En la física cuántica, incluso el vacío está lleno de actividad y se caracteriza por fluctuaciones energéticas temporales que generan pares de partículas virtuales que aparecen y desaparecen constantemente. Estas fluctuaciones son una manifestación de la energía del campo del punto cero.

Características del campo del punto cero

El campo del punto cero es el nivel más bajo de energía posible en el espacio, pero no es cero en términos absolutos. Es la energía residual que permanece cuando se ha eliminado toda la energía más «tradicional» o térmica. En el nivel cuántico, siempre hay una cierta cantidad de actividad energética debida a fluctuaciones, lo que significa que partículas como los electrones experimentan cambios en sus posiciones y energías, incluso en el estado más bajo de energía.

Aunque el campo del punto cero es extremadamente sutil, tiene efectos observables y medibles, como el efecto Casimir, donde dos placas metálicas neutras en el vacío se atraen mutuamente debido a la diferencia en la presión de la energía del vacío dentro y fuera de las placas. Otro ejemplo es el desplazamiento Lamb, una pequeña diferencia en la energía de los niveles de electrones en el átomo de hidrógeno, medida experimentalmente y predicha por las teorías cuánticas que consideran la energía del vacío.

Como hemos mencionado, el Dao es un fenómeno que incluye un «campo» repleto de posibilidades y de actividad latente; es un hervidero de actividad subatómica, la base del movimiento esencial. Cuando hablamos de movimiento, nos referimos al movimiento esencial del universo: todo se mueve, nada está quieto. La vida es un movimiento de la materia que se experimenta como pulsación, eso que los orientales llaman qi o chi.

La visión contemporánea de la física cuántica ha desvelado que, en lo que tradicionalmente se consideraba el vacío, o la «nada», reside en realidad un hervidero de actividad subatómica. Este descubrimiento se hace eco de la noción oriental del Dao y sugiere que, incluso en la aparente inexistencia, se halla la semilla de todo lo existente. El principio de incertidumbre,[i] formulado por Werner Heisenberg, postula que ninguna partícula puede estar completamente estática; todas se encuentran en un estado de vibración perpetua, impulsadas por un campo de energía omnipresente. Toda partícula vibra, ¿por qué?, ¿de dónde saca su movimiento?, ¿de dónde saca la materia su vibración esencial? La materia vibra, por lo tanto, se encuentra en estado vibracional, y en este sentido, como dice David Villar:[3] «La materia emite ondas de sonido y estas tienen unas frecuencias específicas». Los mitos siempre nos hablan de que el mundo fue creado por el sonido: ¿qué fue el Big Bang? Un gran estruendo, el Om de la creación en sánscrito: ॐ, ओम्, romanizado: Om. Podríamos decir que fue el momento de la manifestación de nuestro cosmos y a partir de ahí el Dao no ha dejado de expresarse en las sustancias del cosmos, incluido el propio ser humano. La Biblia narra: «En el principio era el Verbo,[ii] y el Verbo estaba con Dios, y el Verbo era Dios». En este sentido el verbo, que sería en realidad el logos, se asocia a la idea de Heráclito, pues el logos proporciona una especie de estructura coherente y constante que todo lo penetra. Así, antes de la luz, existía la vibración del sonido. De manera similar, los *Vedas* proclaman que

[i] Imagina que tienes una pelotita que rebota dentro de una caja. Si la caja está completamente oscura y solo puedes usar una linterna pequeña para tratar de ver dónde está la pelotita, cada vez que enciendes la linterna, la luz hace que la pelotita se mueva un poco. Entonces, aunque logres ver dónde está, la habrás movido y ya no sabrás exactamente hacia dónde va. Y si decides no usar la linterna para no moverla, entonces no podrás verla en absoluto.
El principio de incertidumbre de Heisenberg es algo parecido, pero con partículas como electrones en lugar de pelotitas. Dice que hay un límite para lo precisos que podemos ser al medir dos cosas de una partícula al mismo tiempo: dónde está y hacia dónde va (su posición y velocidad). Cuanto más precisamente intentemos medir una de estas cosas, menos precisos seremos al hacerlo la otra. No es porque nuestras herramientas no sean suficientemente buenas, sino por la forma en que funciona el universo a un nivel muy, muy pequeño. Es como una regla básica de la naturaleza que nos dice que siempre habrá un poco de misterio en cómo se comportan las cosas más pequeñas del universo.

[ii] En realidad, no fue el verbo, fue el logos. El término «logos» tiene raíces profundas en la filosofía occidental y su significado ha evolucionado a lo largo de los siglos desde la antigüedad griega hasta la actualidad. En griego antiguo, «logos» significa 'palabra', 'discurso', 'razón' o 'principio'. Los filósofos presocráticos comenzaron a explorar el término como un principio ordenador del cosmos.
Para Heráclito, el logos era un principio fundamental que ordenaba y regulaba el universo continuamente cambiante. Postulaba que, aunque todo está en constante flujo, el logos proporciona una especie de estructura coherente y constante que todo lo penetra.

en el comienzo estaba Brahman, quien era la palabra, y de Brahman emanó el sonido primordial Om, iniciando la existencia. En las antiguas escrituras mayas, *Popol Vuh*, se menciona que el primer hombre y la primera mujer verdaderos fueron forjados a través del poder del sonido. La cábala también sostiene que el cosmos fue esculpido por el sonido. Este concepto resuena a través de diversas tradiciones y culturas. En China y otras civilizaciones orientales antiguas, se cree que unas divinidades iniciaron la vida golpeando un colosal gong. Similarmente, en la Polinesia y otras regiones del Extremo Oriente, se dice que los dioses utilizaron gongs y soplaron en caracolas para moldear el mundo. Estas narrativas subrayan una creencia universal en el poder creativo del sonido, un principio fundamental que atraviesa múltiples culturas y épocas y vincula la esencia divina con la génesis del universo.

De esta forma, la estructura fundamental del universo puede ser descrita como un vasto mar de campos que interactúan entre sí, están interconectados y son inalterables, según las leyes físicas, tal como las conocemos. Este entendimiento no solo nos acerca a una comprensión más holística del cosmos, sino que también puentea mundos aparentemente distantes: el ancestral conocimiento y los más sofisticados descubrimientos de la ciencia cuántica contemporánea. La convergencia de estas perspectivas nos invita a reflexionar sobre la interconexión profunda entre todas las formas de existencia y sobre la fuerza primordial, el Dao (o como se le quiera llamar), que subyace en toda creación. Nuestro universo, a menudo percibido como un bastión de estabilidad y quietud, es en realidad un dinámico torbellino de partículas subatómicas. Estas partículas, en constante juego de aparición y desaparición, revelan la naturaleza efímera y enérgica de la realidad. El principio de incertidumbre, formulado por Werner Heisenberg, nos enseña que nuestras mediciones están teñidas de incertidumbre; no solo es difícil determinar la posición y el momento de una partícula con precisión simultánea, sino que también enfrentamos limitaciones al intentar conocer conjuntamente su energía y el intervalo temporal en el que se manifiesta.

Este principio resalta una peculiaridad del mundo subatómico, en escalas de tiempo extremadamente cortas, la cantidad de energía involucrada en un evento puede variar de manera impredecible. Esta observación es un pilar fundamental que complementa las teorías de Albert Einstein, en especial, su célebre ecuación $E= mc^2$, que establece una relación directa entre la masa y la energía.

El baile cósmico de Shiva

Dentro de este entramado subatómico, las partículas interactúan en un ciclo vertiginoso de creación y aniquilación: surgen aparentemente de la nada y se desvanecen en menos de un instante (alrededor de 10^{-23} segundos) y generan fluctuaciones energéticas sin causa aparente. Estas efímeras partículas son conocidas como «partículas virtuales». Su presencia, aunque fugaz, facilita un intercambio de información vital para la comprensión del universo. Si decimos que el DAO es un campo de información, en estas «partículas virtuales» es donde se puede observar el intercambio de información entre el Dao y lo manifestado (lo manifestado es la materia y la energía de lo que experimentamos como objetos). El Dao es justo lo anterior al yin yang de la cosmovisión oriental, una vez se manifiesta la materia (yin), surge el sonido (yang) sin embargo, en el Dao está la esencia precursora y dinámica del evento. Del Dao aparece la fluctuación en forma de partícula, «partícula virtual», la partícula es yin y todo yin emite un yang es decir un sonido. Y el sonido es una forma de información, que afecta al yin y viceversa.

Este constante intercambio energético entre partículas virtuales es lo que da origen a lo que se conoce como «energía del campo del punto cero». Es pues, la posible explicación científica del Dao o a parte de sus atributos. Este término de campo del punto cero (CPC) se deriva de la observación de que estas fluctuaciones energéticas persisten incluso a temperaturas cercanas al cero absoluto y con mínima energía, el punto teórico en el que toda actividad térmica cesa. Es en este estado, el nivel energético más bajo concebible, donde se esperaría una ausencia total de movimiento. Sin embargo, la naturaleza vibrante del universo subatómico asegura que, incluso en este punto, la energía nunca desaparece por completo, subrayando una vez más el dinamismo intrínseco del cosmos. El movimiento es la naturaleza del Dao que junto con la información da lugar a la creación del universo y a la propia vida.

Me gustaría en este punto añadir una hipótesis que puede reforzar nuestro argumento, me refiero a la radiación de Hawking,[4] una predicción teórica formulada por el físico Stephen Hawking en 1974. Según esta teoría, los agujeros negros no son completamente negros, sino que emiten una radiación débil debido a efectos cuánticos cerca del horizonte de eventos, la frontera que delimita un agujero negro. En el nivel cuántico, el vacío no está realmente vacío, sino que está lleno de pares de partículas y antipartículas virtuales que se crean y aniquilan constantemente. Cerca del horizonte de eventos de un agujero negro, uno de estos pares de partículas, una con carga positiva y otra negativa, pueden separarse: una partícula cae en el agujero negro mientras la otra escapa como radiación. Este proceso resulta en una pérdida de energía y masa del agujero negro, que conduce a su eventual evaporación.

Un ejemplo notable del impacto de esta radiación es el efecto Casimir, explicado antes. Además, aunque la radiación de Hawking no ha sido observada directamente debido a su extrema sutileza, se ha convertido en un área de gran interés en la física teórica y podría tener implicaciones significativas para la comprensión del universo y la información cuántica.

La física elimina el Dao de sus ecuaciones

La observación de fluctuaciones subatómicas o el «zangoloteo» de partículas, planteó interrogantes fundamentales sobre la precisión de los modelos matemáticos utilizados por los físicos. Estas oscilaciones intrínsecas no estaban inicialmente incluidas en las ecuaciones estándar, lo que llevó a la comunidad científica a reconsiderar la validez de sus marcos teóricos. Para abordar esta discrepancia, se implementó el proceso de «renormalización», una técnica matemática avanzada que permite ajustar las teorías para excluir, de hecho, estas fluctuaciones sin alterar el resultado final de los cálculos. A través de la renormalización, se reconoció que, aunque estas vibraciones subatómicas son omnipresentes, su exclusión de los modelos matemáticos no compromete la integridad ni la exactitud de las predicciones teóricas.

Figura 2.2.

La implementación de técnicas como la renormalización en la física, aunque metodológicamente efectiva y matemáticamente robusta, suscita reflexiones profundas sobre los fundamentos mismos de la disciplina. Al ajustar las teorías para obviar ciertas fluctuaciones subatómicas[iii] —consideradas como «ruido» en el marco

[iii] Esto me recuerda al ADN basura, llamado así por que no se sabía qué hacía, sin embargo, hoy sabemos que de basura tiene poco.

de la física clásica—, podríamos estar, metafóricamente, «eliminando el Dao» de la física. En este contexto, el Dao simboliza la esencia primordial y el movimiento inherente que impregna todo el universo. Esta práctica de limpieza teórica plantea la cuestión de si estamos pasando por alto aspectos cruciales de la realidad que son fundamentales para comprender fenómenos complejos, como el origen de la vida. La vida, en su complejidad y diversidad, emerge de procesos que van más allá de simples interacciones mecánicas y podría requerir una comprensión más profunda de la «información» y la esencia que reside en las interacciones fundamentales de la naturaleza. Esta esencia no se puede eliminar para que la teoría cuadre, y eso es justo lo que se hace en este punto.

Quiero señalar que la renormalización es un puro truco matemático que, si bien resuelve problemas en la física, su propio inventor Richard Feynman señala que es un «juego de trile», de hecho, este científico nunca estuvo muy de acuerdo con su propia invención. El gran físico Paul Dirac también señaló lo mismo, Dirac que fue quien predijo la existencia de la materia y antimateria (yin yang de la materia), explicó que ignorar algunas soluciones que parecían extrañas a sus propias ecuaciones podría ser un error y precisó que esas infinitas «vibraciones» ¿son acaso anomalías matemáticas o nos están diciendo algo realmente más profundo sobre la naturaleza subyacente de la realidad?[5]

Por lo tanto, este enfoque pragmático en la física —centrado en la eliminación de elementos considerados no esenciales para la coherencia matemática de las teorías— podría limitar nuestra capacidad para abordar y descifrar algunos de los misterios más profundos del universo, como la vida misma. Nos enfrentamos al desafío de encontrar un equilibrio entre la elegancia matemática y la inclusión de la complejidad inherente del cosmos, lo que podría requerir una expansión de nuestros marcos teóricos actuales para abrazar la riqueza y la sutileza del «movimiento esencial» del universo.

¿Cómo han hecho esto? Hal Puthoff[iv] lo explico así: La energía de los osciladores armónicos sería así:

$$H = \hbar\omega(n+\tfrac{1}{2})$$

donde, ½ representa la energía del campo del punto cero, en el proceso de renormalización los científicos lo eliminan. Como no me gustan las fórmulas lo voy a intentar explicar de otro modo. Imagine que tiene un grupo de columpios que se mueven hacia adelante y hacia atrás, estos columpios son como los osciladores armónicos, cosas que van y vienen de una forma regular y predecible, como un péndulo.

Figura 2.3.

La fórmula $H = \hbar\omega(n+\tfrac{1}{2})$, describe la energía de estos osciladores (como si cada columpio tuviera una etiqueta que dice cuánta energía

[iv] Puthoff nació en Chicago, Illinois. Tiene una licenciatura y un máster en Ingeniería Eléctrica por la Universidad de Florida. En 1967, Puthoff obtuvo un doctorado en ingeniería eléctrica de la Universidad de Stanford con una tesis sobre el tema del efecto Raman estimulado con láseres. Luego trabajó con láseres sintonizables y dispositivos de haz de electrones. Coescribió (con R. Pantell) *Fundamentals of Quantum Electronics* (Wiley, 1969), publicado en inglés, francés, ruso y chino. También publicó artículos sobre el vacío polarizable (PV) y la electrodinámica estocástica.

tiene), ½ es especial, representa la pequeña cantidad de energía que estos osciladores tienen, incluso cuando deberían estar completamente quietos, sin moverse. Esta pequeña energía que nunca desaparece es lo que llamamos energía del campo del punto cero, es como si los columpios nunca pudieran detenerse por completo y siempre tuvieran un pequeño temblor.

Como ese temblor molesta a los científicos, hacen algo llamado «renormalización», y básicamente ajustan sus ecuaciones para que sean más manejables. En este proceso, extraen esa pequeña cantidad de energía (½) de sus cálculos, no porque no exista, sino para simplificar las matemáticas. Es como si dijeran: «Sabemos que este pequeño temblor está ahí, pero vamos a fingir que no está para facilitar nuestras vidas». Como señala Lynne,[6] desde 1926 los físicos habían descartado este fenómeno por considerarlo intrascendente.

La reflexión que nos invita a realizar este texto es profundamente relevante, tanto para la ciencia como para nuestra comprensión del universo y la vida misma. En el centro de esta discusión se encuentra el movimiento inherente al campo del punto cero, una vibración constante y omnipresente en el vacío del espacio, que la física clásica y sus ecuaciones han tendido a ignorar o simplificar. El método científico genera una realidad a la carta, una realidad que se ajusta a sus teorías, no una teoría que se ajusta a la realidad. Los científicos buscaban racionalizar las discrepancias en los cálculos físicos eliminando los efectos aparentemente menores de este campo energético. Sin embargo, esta eliminación, este acto de hacer a un lado lo que podría considerarse como «ruido de fondo» del universo, puede tener implicaciones más profundas de lo que inicialmente se percibía. La energía del campo del punto cero, aunque sutil y a menudo desestimada, podría ser la clave para comprender fenómenos tan fundamentales y esquivos como el origen de la vida. Si consideramos la vida no solo como una serie de reacciones químicas, sino como un fenómeno emergente de la dinámica profunda del universo, entonces omitir este «zangoloteo» esencial de partículas en nuestras ecuaciones podría significar que estamos pasando por alto una pieza crítica del rompecabezas cósmico.

Lynne apunta a una tendencia histórica en la física, iniciada alrededor de 1926, de descartar fenómenos que se consideraban intrascendentes o demasiado complejos para ser incorporados en el marco teórico establecido. Esta tendencia a simplificar y depurar las teorías, aunque útil para avanzar en la comprensión de ciertos aspectos del universo, puede llevarnos a ignorar aquellos que no se ajustan tan limpiamente a nuestros modelos existentes. A tal efecto, entendemos que las teorías no se ajustan a la realidad, más bien se ajustan a la propia capacidad de compresión del ser humano. La física en cierto sentido es un método de interrogar a la naturaleza desde la perspectiva humana y no desde la realidad de la propia naturaleza, en este sentido es deficiente.

La pregunta entonces es: ¿hasta qué punto nuestra comprensión actual del universo y la vida está limitada por las herramientas y teorías con las que elegimos explorarla? Si la vida emerge, como sugiere la hipótesis que quiero exponer, del movimiento intrínseco y constante del campo del punto cero, entonces cualquier intento de entender su origen requiere que reconozcamos y estudiemos este campo en su totalidad, en vez de apartarlo, como una anomalía o un artefacto, de nuestras teorías. El ruido de fondo me recuerda al famoso ADN basura, el ser humano es muy eficiente a la hora de eliminar de la ecuación lo que no le cuadra, incluso llega a quemarlo en la hoguera si hace falta.

La eliminación del Dao o la fuerza esencial del movimiento y la información en el universo, de nuestras ecuaciones y comprensiones científicas, podría estar limitando nuestra capacidad para desentrañar los misterios más profundos del cosmos. Tal vez sea hora de que la ciencia, en su búsqueda incesante del conocimiento, adopte un enfoque más holístico e integrador que abarque no solo lo que es fácilmente cuantificable y analizable, sino también aquellos aspectos más sutiles y dinámicos del universo, que, aunque elusivos, son igualmente fundamentales para nuestra existencia.

Por lo tanto, la física es solo un aspecto de lo real. Desde la Ilustración hasta la era de Max Planck, la cosmovisión mecanicista —la idea de que el universo funciona como un vasto y complejo reloj— la Weltanschauung mecanicista[v] ha ejercido una influencia dominante en el ámbito de las ciencias. A pesar de los desarrollos revolucionarios en física, como los principios de incertidumbre y complementariedad, la metáfora del mecanismo continúa siendo una fuerza poderosa en la concepción científica del universo.

El universo es como un reloj, porque es la metáfora de moda

Leibniz versus Descartes, sin la menor duda Descartes tuvo un pensamiento que influyó demasiado en la cultura occidental, los *Principios* de Descartes fueron sin duda el manual de la enseñanza que desplazó a Aristóteles de la enseñanza tradicional de la edad antigua. Y es aquí donde Leibniz resalta que desde entonces la física es inexacta, de hecho, el propio Descartes señala que su física no es otra cosa que geometría: «Una ciencia de la magnitud, la figura y el movimiento aplicado a las cosas». Es aquí donde el perspicaz Leibniz señala que la idea esencial de la materia no es la extensión, sino la fuerza. Todo mecanismo descansa en la dinámica, y señala que el movimiento no puede partir del reposo, pues como hemos visto este no existe. Descartes formula el mito mecánico, como nos señala Juan Arnau,[7] este mito se basa en cuatro postulados: a) la materia está compuesta por unidades básicas, rígidas y compactas, de acuerdo con las leyes mecánicas, b) las diferencias cualitativas que se observan en la naturaleza corresponden con las diferencias de

---

[v] «Weltanschauung mecanicista» es una frase que combina el término alemán «Weltanschauung», que se traduce como 'cosmovisión' o 'visión del mundo', con la palabra «mecanicista», relacionada con el mecanicismo. La «cosmovisión mecanicista» se refiere a una manera de ver el universo en la que todo se considera como una gran máquina, donde cada parte del cosmos, incluidos los seres vivos, funciona de acuerdo con leyes físicas precisas y predecibles, similar a cómo funcionan las piezas de un reloj o una máquina.

configuración y movimiento de esas unidades básicas, c) la reacción recíproca entre los corpúsculos básicos se debe a su impacto directo, y d) lo cualitativo son adiciones psíquicas de la mente humana que no pertenecen a la naturaleza de las cosas.

Figura 2.4.

La física del siglo XXI, en especial, a través de la teoría cuántica y la física de partículas, ha desmontado varios de los postulados del llamado «mito mecánico» descrito por Juan Arnau. Este mito, que refleja una visión muy mecánica y determinista del universo, basada en la física clásica, ha sido cuestionado por los descubrimientos y teorías más recientes. Veamos cómo:

- La materia está compuesta por unidades básicas, rígidas y compactas.
  La física cuántica ha demostrado que las «unidades básicas» de la materia, como los átomos y las partículas subatómicas (electrones, cuarks, etc.), no son en absoluto rígidas ni compactas. En cambio, exhiben propiedades ondulatorias y de partículas al mismo tiempo (dualidad onda-partícula), y su comportamiento no puede ser determinado de manera precisa debido al principio

de incertidumbre de Heisenberg. Este principio establece que es imposible conocer simultáneamente con precisión la posición y el momento (velocidad y dirección) de una partícula.

- Las diferencias cualitativas corresponden a diferencias de configuración y movimiento.
  La física cuántica ha mostrado que las propiedades cualitativas de la materia no pueden reducirse simplemente a configuraciones y movimientos de unidades básicas. Fenómenos como el entrelazamiento cuántico, donde las partículas se influyen instantáneamente a cualquier distancia sin conexión física aparente, desafían la noción clásica de localidad y sugieren una complejidad y una conexión en el universo que va más allá de simples interacciones mecánicas.
- La reacción recíproca debido al impacto directo.
  El modelo estándar de la física de partículas introduce fuerzas fundamentales que actúan a través de campos y partículas mediadoras, como fotones para el electromagnetismo y gluones para la fuerza fuerte. Estas interacciones no siempre implican un «impacto directo» en el sentido clásico, sino que pueden ocurrir a través de intercambios de partículas virtuales en campos de fuerza, lo que permite acciones a distancia sin contacto físico directo.
- Lo cualitativo como adiciones psíquicas de la mente humana.
  La física moderna, en especial, en el ámbito de la mecánica cuántica, ha desafiado la noción de que lo cualitativo es meramente una construcción mental y no pertenece a la «naturaleza de las cosas». Por ejemplo, la observación en mecánica cuántica no es un proceso pasivo; el acto de medir puede alterar el estado de lo que se está midiendo, lo que sugiere que nuestras observaciones cualitativas están intrínsecamente vinculadas a las propiedades fundamentales de la materia. Esto va en contra de la idea de que lo cualitativo es meramente una adición psíquica y sugiere una relación más compleja y fundamental entre la observación y la realidad.

En resumen, la física del siglo XXI ha ampliado y, en muchos casos, revolucionado nuestra comprensión del universo, mostrando que la realidad es mucho más compleja, interconectada y menos determinista de lo que el «mito mecánico» sugería.

El principio de determinismo, que sugiere que todos los eventos están predeterminados por causas conocibles, surgió inicialmente como un concepto casi inescrutable dentro del riguroso marco de las matemáticas, un dominio tradicionalmente visto como determinista. Sin embargo, la emergencia de la mecánica cuántica y sus inherentes incertidumbres no debería interpretarse como una debilidad de la física, sino todo lo contrario: la enriquece y profundiza.

Lejos de ser conceptos en conflicto, la determinación y la indeterminación no se oponen ni se excluyen mutuamente; en realidad, se complementan. La noción de un universo completamente predecible, donde todo está determinado, es tan ilusoria como la idea de un cosmos totalmente impredecible o caótico. Estas dos visiones representan las dimensiones horizontal y vertical del tejido cósmico, el yin y el yang de la realidad, arraigadas en la filosofía del Dao.

Este enfoque integrador nos insta a reconocer que la complejidad del universo abarca tanto el orden como el caos, lo predecible y lo impredecible. Al aceptar y explorar estas dualidades, no solo abrazamos una comprensión más rica del cosmos, sino que también nos acercamos a la esencia misma de la existencia, una que está intrínsecamente vinculada a la interacción dinámica y armónica de fuerzas contrapuestas, tal como se refleja en el eterno baile del Dao.

Entonces, el Dao es aquello que se manifiesta en el aquí y ahora y que nosotros, los seres vivos (y otros animales también), percibimos. La experiencia de la percepción es sin duda lo más elevado de nuestra existencia, pues de algún modo le damos cualidades a los cuerpos. Un cuerpo sin cualidades no es un cuerpo. La física (y me atrevo a decir que la propia biología) a lo largo de la historia ha querido reducir el cuerpo a las matemáticas, pero esto lo encierra y lo convierte en algo muerto. La física destierra de la naturaleza la propia esencia de esta, la pulsación de la vida, el zangoloteo de las partículas, lo que le da vida a la materia y en nuestros cuerpos genera conciencia, pues es esta última la que escribe sobre esto, algo que estoy haciendo ahora mismo, en el aquí y ahora es producto de mi conciencia, este libro que usted tiene ahora es un reflejo de la información que consigo plasmar en este aquí y ahora. Yo soy sin duda un cuerpo, así me percibo, y, sin la menor duda, soy materia. Soy una gran acumulación de materia que contiene niveles complejos de información, desde mis átomos hasta mi ADN, pero, sobre todo, manifiesta una fuerza de vida, una fuerza que se manifiesta con el movimiento.

Lo vivo, a nivel micro y macromolecular, se mueve, lo muerto o inerte, no lo hace a nivel macromolecular. Una piedra tiene movimiento (materia y energía) a nivel atómico pero la piedra en sí misma no se mueve. Yo, a diferencia de una piedra, tengo movimiento, que es una fuerza de vida, que los chinos llamaron Chi[vi] (yuan qi) y que sin duda tiene su origen en lo más profundo del universo en el zangoloteo del campo del punto cero. Es de ahí de donde mana la fuente de la vida eterna, la fuerza de vida que se une a las otras fuerzas de la existencia: la fuerza nuclear débil y fuerte, la gravitacional y, por supuesto, la electromagnética. Pero la física soslayó la principal, la fuerza de vida, la pulsación de la materia que acumula información y se construye a sí misma a través del campo del punto cero, es decir, del Dao.

[vi] El concepto de "Chi" en la tradición china, conocido como "Prana" en el hinduismo y "Ki" en Japón, representa una fuerza vital universal que impregna todo en el universo, esencial para la salud y el equilibrio. Ideas similares se encuentran en diversas culturas, como el "Mana" en la polinesia, el "Ruach" en la tradición hebrea y el "Pneuma" en la filosofía griega, todas refiriéndose a una energía vital que sostiene la vida y conecta a los seres vivos con el cosmos. A pesar de las variadas interpretaciones y prácticas asociadas con esta energía en diferentes culturas, subyace una comprensión universal de la interconexión y la importancia de esta fuerza vital en el bienestar y la existencia.

Postulado 1

«El DAO es movimiento, es la fuente del movimiento. Es la pulsación esencial».

La pulsación de la vida

En una entrevista realizada por Lynne M. a Richard K. Obousy,[8] (Dr. en Física por la Universidad de Baylor (2008), en la actualidad presidente y científico principal de Propulsión de Icarus Interstellar, una fundación de investigación sin fines de lucro, dedicada a la investigación de tecnologías que permitirán avances en los viajes interestelares), este comenta: «Imagina que sostienes una partícula subatómica cargada y la colocas en un diminuto muelle sin fricción. Teóricamente, debería oscilar arriba y abajo durante un tiempo y, al alcanzar la temperatura del cero absoluto, detenerse por completo. Sin embargo, lo que los físicos han revelado desde la época de Heisenberg es fascinante: la energía del campo del punto cero continúa influyendo en la partícula e impide que alcance un estado de reposo total». (En el Dao está el movimiento eterno).[vii] Así, incluso en condiciones donde esperaríamos inmovilidad, la partícula persiste en su movimiento sobre el muelle, un testimonio de la incesante actividad del universo a nivel cuántico.

Según Werner Heisenberg, uno de los padres de la física cuántica, ninguna partícula está nunca en reposo, sino en un estado constante de movimiento, debido a un campo de energía que interactúa siempre con toda materia. El Dao mueve las partículas (postulado 1), estos campos de energía no pueden ser eliminados nunca, nuestro mundo que percibimos como estático está en continuo movimiento. Einstein en su famosa teoría, $e=mc^2$, relaciona la energía con la masa. Todas las partículas subatómicas interactúan unas con otras, intercambiando energía a través de otras partículas quánticas, de las que se creen que aparecen

[vii] Comentario del autor.

de la nada, (se combinan y aniquilan mutuamente en menos de -10^{-23} segundos). Estas partículas se denominan, como señalamos, partículas virtuales. El lado opuesto de las tangibles (la emergencia del Dao) es como un mar de partículas que aparecen y desaparecen dando forma o información a lo tangible desde lo intangible. Recuerda, del Dao surge el uno, del uno surge el dos y de ahí las mil formas. Por otro lado, puedo relacionar el campo del punto cero con un mar y aquí sube a la palestra el famoso físico Dirac, mencionado antes, quien acuñó el término vacío cuántico o mar de Dirac. Ese mar baña desde la estrella más distante hasta las partículas más pequeñas que conocemos. Todo está envuelto en ese mar de energía e información.

Las partículas virtuales deben ser necesariamente la esencia del universo. Configuran el estado de vacío que vibra y aparece y desaparece, eso que aparece es información y, como toda información (yang), necesita una partícula para manifestarse, en este sentido esa partícula es la materia, el corpúsculo. Por tanto, la materia es una manifestación (yin) de la información del Dao, en este sentido todo lo que observamos es la manifestación del Dao colapsado en materia, entonces, la materia es el estado materializado de la información del hervidero cuántico del campo del punto cero.

En los primeros milisegundos del nacimiento del universo, el vacío primordial dio lugar a las primeras partículas de materia y luz. Como se dice en las sagradas escrituras: «Dios dijo – Hágase la luz; y la luz se hizo (y yo añado «se hizo la luz y la materia apareció»); la luz otorga formas a la materia que aparecen o emergen como cosas. Este vacío es el potencial de todos los campos que conocemos, a saber, las cuatro fuerzas de la física: la gravedad, la electromagnética, la nuclear fuerte y la nuclear débil, y a estas cuatro fuerzas hay que añadir dos más: la fuerza de vida y la fuerza creativa, de las cuales hablaremos más detalladamente.

En resumen, como señalamos en el capítulo 1 y considero importante recordar, el campo del punto cero recibió este nombre tan extraño porque a temperatura de cero absoluto, en el estado energético más bajo, donde toda la energía «yang» se ha retirado y no existe movimiento detectable, sigue en vibración, siempre queda un zangoloteo. Una vibración indetectable, que hoy en día, gracias a los avances científicos, hemos podido descubrir. A esta vibración también se le llama vibración del punto cero[9] y es inherente al flujo de partículas virtuales o fluctuación cuántica. La fluctuación cuántica desde mi punto de vista es la esencia del Dao, pero de ella hablaré más adelante. Sin embargo, y esto es importante, si toda la ciencia se ha construido omitiendo esa realidad energética vibracional que ahora se ha descubierto, a la ciencia le falta lo más importante.[10]

Capítulo 3

El campo de la semilla

Desde los ceros del matemático hasta el vacío de los filósofos, desde Shakespeare hasta el conjunto vacío, desde el éter hasta el vacío cuántico, desde el ser y la nada hasta la creación ex nihilo, *hay mucho alboroto por nada en el corazón de las cosas.*

—John D. Barrow

El Dao es el campo de campos

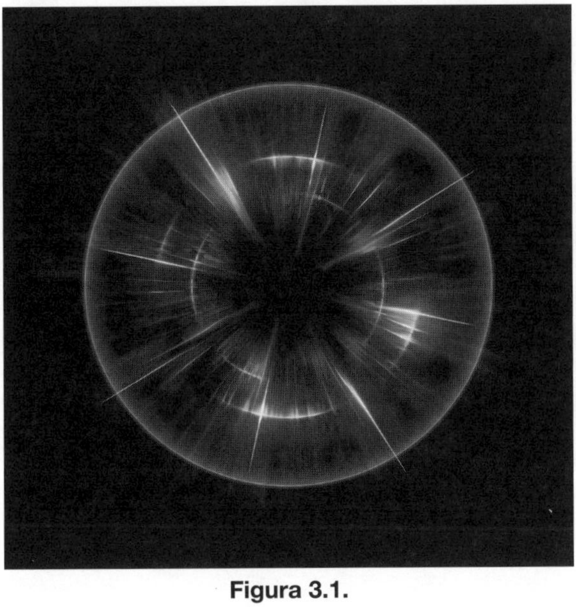

Figura 3.1.

Postulado 2

Las fluctuaciones inherentes al mundo atómico propician un constante intercambio de energía, similar a una pelota en un juego de pimpón. Esta dinámica de emisión y reabsorción no se limita únicamente a la interacción entre fotones y electrones, sino que se extiende a todas las partículas cuánticas del universo. En este contexto, el campo del punto cero (CPC) actúa como un vasto reservorio que acumula los campos de todos los estados energéticos fundamentales, así como de todas las partículas virtuales. Por lo tanto, puede considerarse como el «campo de campos», una entidad omnipresente que subyace y permea toda la estructura del cosmos y sirve como el telón de fondo fundamental sobre el cual se desarrolla el teatro de las interacciones cuánticas. Este mar de fuerza constante y fluctuante es fundamental para entender los misterios del universo a nivel microscópico y macroscópico, ofreciendo una visión más profunda de la compleja coreografía de partículas que conforman la trama de la realidad.

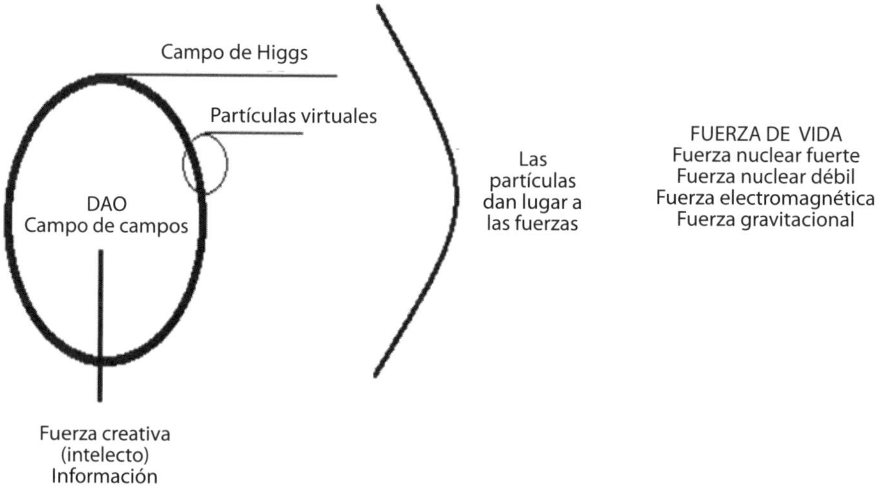

Figura 3.2.

El Dao conforma las fuerzas del modelo estándar de la física, más la «fuerza de la vida». Las partículas virtuales hacen pulsar la materia, (postulado 1); en la materia en un momento dado de la historia del universo surgió la vida, pues la vida está en la esencia del Dao, es una manifestación necesaria de la propia naturaleza.

Según la ciencia actual, hace aproximadamente 13,8 mil millones de años, el universo comenzó con un evento explosivo conocido como big bang. En sus primeros instantes, el universo estaba concentrado en un punto de densidad infinita y temperatura extremadamente alta. La física que conocemos se descompone a estas escalas, pero podemos describir los primeros momentos con la teoría de la inflación cósmica.

La inflación cósmica

En una fracción de segundo después del big bang, el universo experimentó una expansión exponencial, conocida como inflación. Esta fase resolvió varios problemas cosmológicos, como la homogeneidad y la isotropía del universo, al extenderlo mucho más allá del horizonte visible actual. La inflación alisó las irregularidades y estableció la base para la estructura a gran escala del cosmos.

La era de las partículas

Tras la inflación, el universo se enfrió lo suficiente como para que la energía pura se convirtiera en un caldo de partículas elementales. Cuarks, electrones y neutrinos dominaban el panorama. Los cuarks se unieron para formar protones y neutrones en los primeros minutos, durante un proceso llamado nucleosíntesis primordial. Esta etapa produjo los primeros núcleos ligeros, principalmente hidrógeno y helio.

La formación de los átomos

A medida que el universo continuó expandiéndose y enfriándose, unos 380 000 años después del big bang, alcanzó una temperatura que permitió a los electrones unirse con los núcleos para formar átomos de hidrógeno y helio. Este proceso, conocido como recombinación, liberó la radiación que ahora observamos como el fondo cósmico de microondas, una reliquia fósil del universo temprano.

La formación de las estructuras cósmicas

Las primeras estrellas y galaxias

Con la formación de átomos, la atracción gravitacional comenzó a acumular las primeras nubes de hidrógeno y helio en densas regiones que colapsaron para formar las primeras estrellas. Estas estrellas masivas vivieron rápidamente y murieron en explosiones de supernova, sembrando el espacio con elementos más pesados necesarios para la formación de planetas y vida.

Las estrellas se agruparon para formar las primeras galaxias, estructuras complejas que evolucionaron bajo la influencia de la materia oscura, una forma de materia que interactúa gravitacionalmente pero no emite luz.

La formación del sistema solar

Hace unos 4,6 mil millones de años, en un rincón de la Vía Láctea, una nube de gas y polvo colapsó bajo su gravedad, formando el Sol y un disco de material cósmico. En este disco, los granos de polvo colisionaron y se unieron para formar planetesimales, los bloques de construcción de los planetas. Por último, se formaron los planetas, lunas y otros cuerpos del sistema solar.

La aparición de la vida en la Tierra

La Tierra primitiva

La Tierra primitiva, formada hace unos 4,5 mil millones de años, era un mundo dinámico y violento. Los impactos constantes de asteroides y la actividad volcánica intensa crearon un entorno inhóspito. Sin embargo, a medida que la Tierra se enfrió, se formó una corteza sólida y las condiciones comenzaron a estabilizarse.

La química de la vida

Hace alrededor de 3,8 mil millones de años, en los océanos primitivos de la Tierra, surgieron las primeras formas de vida. Las moléculas orgánicas simples, posiblemente sintetizadas en el océano profundo o entregadas por cometas y meteoritos, comenzaron a organizarse en estructuras más complejas, dando lugar a los precursores de las células.

El origen de las células

Las primeras formas de vida eran organismos unicelulares, procariotas, que carecían de un núcleo definido. Estos microorganismos desarrollaron la capacidad de realizar la fotosíntesis, liberando oxígeno en la atmósfera y transformando el entorno químico de la Tierra. Este proceso permitió la diversificación de formas de vida y la aparición de células más complejas, eucariotas, con un núcleo y orgánulos internos.

La diversificación de la vida

Con el tiempo, las formas de vida se diversificaron, desarrollando nuevas estrategias de supervivencia y ocupando una variedad de nichos ecológicos. La evolución mediante selección natural, descrita por Charles Darwin, impulsó esta diversificación. Organismos multicelulares comenzaron a aparecer hace aproximadamente 600 millones de años, culminando en la explosión cámbrica, un periodo de rápida evolución de nuevas formas de vida.

La colonización de la Tierra

Hace unos 500 millones de años, las plantas y hongos comenzaron a colonizar la tierra, seguidos por los animales. Esta colonización transformó la superficie de la Tierra, creando nuevos hábitats y ecosistemas.

Conclusiones

La historia del universo es un relato de complejidad emergente, desde el caos del big bang hasta la organización intrincada de la vida en la Tierra. Este viaje cósmico, guiado por las leyes de la física y la química, continúa desarrollándose, mientras exploramos nuestro lugar en este vasto y enigmático cosmos. La vida en la Tierra es un testimonio de la capacidad del universo para generar orden y diversidad a partir del caos primordial.

En todo este proceso el «modelo estándar» de la física de partículas identifica cuatro fuerzas fundamentales que rigen las interacciones entre las partículas subatómicas.

1. **Fuerza gravitacional**: Aunque es la más débil de las cuatro fuerzas a nivel de partículas, es la que domina a escalas astronómicas debido a que su alcance es infinito y siempre es atractiva. La gravedad es responsable de la formación de planetas, estrellas y galaxias, y de mantener a los objetos en órbita.
2. **Fuerza electromagnética**: Esta fuerza actúa entre partículas cargadas eléctricamente. Es mucho más fuerte que la gravedad a nivel de partículas y tiene un alcance infinito. La fuerza electromagnética es responsable de prácticamente todos los fenómenos a escala humana, desde la luz que vemos, hasta las interacciones químicas que forman la base de la vida.
3. **Fuerza nuclear fuerte**: También conocida como interacción fuerte, es la fuerza más poderosa de las cuatro, pero su alcance se limita a distancias extremadamente cortas, del orden del tamaño de un núcleo atómico. Esta fuerza es la que mantiene unidos a los protones y neutrones dentro del núcleo de un átomo.
4. **Fuerza nuclear débil**: La interacción débil es responsable de ciertos tipos de desintegración nuclear, como la desintegración beta. Aunque es más fuerte que la gravedad, es significativamente más débil que la fuerza electromagnética y que la fuerza nuclear fuerte, y también actúa en distancias muy cortas.

El modelo estándar ha sido extraordinariamente exitoso para explicar los resultados de experimentos en la física de partículas, aunque no incluye la gravedad de una manera que sea compatible con la teoría de la relatividad general de Einstein. Por esta razón, los físicos continúan buscando una teoría más fundamental que pueda unificar todas las fuerzas fundamentales. La famosa teoría del todo.

En este sentido, el universo en su totalidad posee las fuerzas de la física, que aparecen de forma gradual, en relación con su materialización: estrellas, planetas, bacterias, algas, plantas, animales, etc. Como dice Carl Sagan: «Somos polvo de estrellas» y añado yo, que ha empezado a pulsar y organizarse en estructuras vivas, a través de la «fuerza de vida», que es la que soslaya la física, y lo más sorprendente es que la materia y energía que forman cuerpos vivos gracias a la «fuerza de vida» han tomado percepción de sí mismas, generando una sexta fuerza, la «fuerza del intelecto» o fuerza creativa propia del DAO (postulado 8. Fuerza creativa). Pero de momento dejemos esta fuerza para otros textos. Como hemos visto, todo esto ha sido un proceso paulatino pero eficiente de la propia existencia cosmológica, ahora solo queda ir mejorando y puliendo las ideas.

En este punto hemos visto que la vida surge con el emerger de las partículas, es obvio que si no hay materia no hay vida, pero estas partículas en sus interacciones generan un «campo», por ejemplo, el campo electromagnético, será pues necesario explicar qué es un campo para poder comprender la realidad que experimentamos.

¿Qué es un campo?

Un campo puede entenderse como una entidad o medio que facilita la interacción entre distintos puntos en el espacio, normalmente a través de fuerzas fundamentales como la gravedad o el electromagnetismo. Estas interacciones suelen manifestarse en forma de ondas o fluctuaciones dentro del campo. Tomando el campo electromagnético como ejemplo, este se compone de la intersección de un campo eléctrico y un campo magnético, los cuales generan ondas que se propagan a través del espacio a la velocidad de la luz.

En torno a cualquier carga eléctrica se crea tanto un campo eléctrico como uno magnético, que influencian el espacio circundante. Los campos eléctricos y magnéticos se caracterizan por tener dos polaridades, negativa y positiva y siguen el principio de dualidad yin yang. Esta dualidad resulta en la atracción o repulsión de otros objetos cargados dentro del campo.

En el Dao, que es el concepto central del taoísmo, existen fluctuaciones y ondas en lo que podríamos llamar un «vacío». Según el taoísmo, el verdadero Dao no puede ser completamente descrito con palabras. Esto significa que dentro del Dao, estas fluctuaciones no están en forma física, sino en un estado de «virtud» o «potencial». Estas fluctuaciones existen como campos que contienen información. Y esta información es el campo más importante del universo.

Postulado 3

«En el Dao solo existe la virtud de la información, pues no hay materia/energía. Solo la información en en cuanto que campo creativo».

Este postulado se logrará comprender plenamente en el capítulo 7.

Es importante señalar que en el Dao no existe materia, en consecuencia, si no hay materia no hay tiempo ni tampoco espacio. El Dao es inmanente, en este punto será necesario explicar profundamente que entendemos como información, tema que abordaremos más adelante.

En el vacío del Dao no existe materia ni energía, por tanto, tampoco lo hacen ni el tiempo ni el espacio, lo único que hay es información, sin embargo, esta debe de manifestarse y/o sostenerse en alguna sustancia, el cosmos es esa sustancia. La materia está dotada de información o, dicho de otra manera, el cosmos es la información almacenada.

Volviendo a la teoría de campos, un campo no es solo un área determinada del espacio, sino una zona en la que se pueden percibir y medir las influencias y efectos de las cargas presentes. Si decimos que el campo es una zona de influencia y que esta zona está determinada por el espacio y el tiempo que el mismo campo cocrea, es fácil percibir que, en el campo del punto cero (CPC), donde no hay ni espacio ni tiempo, el propio CPC es la esencia de los campos que él mismo contiene, por eso ello lo llamaremos el campo de campos (de ahí que se sostenga que el Dao está en todos los sitios y al mismo tiempo en ninguno, pues es la matriz). Todo campo es determinado en física por el espacio que determina, en el caso del CPC al no haber ni materia ni energía no hay espacio, por ello, es la matriz de donde surgen los demás.

En relación con los campos, este concepto se extiende más allá de la simple interacción entre cargas, englobando un espectro más amplio que incluye campos gravitacionales, donde la masa de los objetos distorsiona el tejido del espacio-tiempo así como los campos cuánticos, que son fundamentales para describir las propiedades inherentes de las partículas subatómicas. Así, los campos se convierten en la piedra angular para entender cómo la materia y la energía interactúan a través del vasto lienzo del universo.

¿Qué es un campo con respecto a la mecánica cuántica?

En física se dice que un campo es una matriz o medio que conecta dos o más puntos en el espacio, generalmente por medio de una fuerza, por ejemplo, la gravedad o el electromagnetismo. El campo, por lo tanto, es la matriz o medio que une la materia. Sin embargo, podemos deducir que el propio campo no es materia, es dónde se ella manifiesta. ¿No será el campo del punto cero la matriz, eso que lleva miles de años llamándose DAO? El vacío que lo une todo (Nassim). El famoso campo de Higgs[1] (Casas y Rodrigo) será la frontera del campo de campos.

Heisenberg nos dice que cuando una partícula se lleva a un estado de 0º Kelvin, el campo la hace vibrar. Esta fuerza suele estar representada por ondas. En ciencia se sabe, y esto es importante, que tanto los campos eléctricos como los magnéticos tienen dos polaridades, (positiva y negativa) yin-yang, ambas harán que cualquier materia sea atraída o repelida. El campo se considera entonces, la zona del espacio vacío donde es posible detectar la carga y sus efectos o, dicho de manera simple, un campo es una zona de influencia.

Todo esto empieza a encajar, pues podemos deducir que el DAO es una zona de influencia que afecta y es afectada por un eterno devenir de vibración y compactación quántica. Por lo tanto, ya tenemos una vibración que se manifiesta en un campo de influencia. Las fluctuaciones del mundo atómico dan lugar a un tránsito incesante de energía en un sentido y en el otro, como una pelota en un juego de pimpón, esta emisión y reabsorción de partículas no ocurre solo con los protones y electrones, sino con todas las partículas cuánticas del universo.

Podemos entender entonces, que el campo del punto cero es el depósito de todos los campos (L. McTaggart), como ya señalamos, el campo de campos, de todos los estados energéticos básicos y de todas las partículas virtuales. Además, y esto es asombroso, se ha calculado que la totalidad de la energía del campo del punto cero excede a toda la energía de la materia por 1049 (E. Laszlo)[2], como vemos están en el rango anteriormente citado. La energía de la nada es la más fuerte y sorprendente de todas las existentes. Con solo la energía que se encuentra en un metro cúbico podríamos llevar a ebullición a todos los océanos de nuestro planeta. No es verdaderamente sorprendente (A. C. Clarke)[3]. Desde luego, como dice L. McTaggart esto es el Santo Grial de las investigaciones energéticas.

Como sostienen los físicos de la Organización Europea para la Investigación Nuclear (CERN) y en concreto del laboratorio europeo de física de partículas y su colisionador de hadrones (LHC): «el bosón de Higgs está íntimamente relacionado con el mecanismo que proporciona masa intrínseca a los electrones y cuarks», por eso se suele decir que el bosón de Higgs es el responsable de la materia, aunque esto haya que matizarlo mucho (Casas y Rodrigo). Hay que decir que el campo de Higgs está dentro de los campos del campo del punto cero (Versyp).

Figura 3.3. Juan Pablo Moltó en el CERN de Ginebra, curso de filosofía cuántica de Verano 2018.

Así pues, el Dao es sinónimo de culminación suprema, dicho así suena a metafísica, sin embargo, el campo del punto cero nos dice lo mismo, «campo de influencia sobre la materia». El *I Ching* nos dice, «una vez yin y una vez yang, es el Dao».

Pero si hablamos de campos debemos introducirlos en el campo de Higgs[i], sin duda, el campo más cercano a la idea de Dao o a la línea divisoria entre lo plegado y desplegado de la existencia, lo veremos en el capítulo siguiente.

0º del campo

Heisenberg demostró en 1927 que algo seguía actuando sobre las partículas cuando se enfriaban hasta alcanzar el punto cero, nunca estaban en reposo absoluto. Por lo tanto, con cero Heisenberg se refiere a los grados, es decir, ya sabemos que cuando una partícula está a cero grados (0º Kelvin que corresponde a -237º C aproximadamente) algo la mueve, y ese «algo» es una vibración.

Imaginemos un electrón enganchado a un muelle sin fricción, si le insuflamos movimiento, el electrón oscilaría alrededor de su punto de equilibrio, emitiendo energía electromagnética de radiación a la frecuencia de oscilación. Pero si no hubiera radiación del campo del punto cero, el electrón acabaría por detenerse. Se consumiría su yang. Esto es de trascendental importancia, pues asumimos que el campo del punto cero es el precursor del movimiento al mismo tiempo que su mantenedor, ¿el Elam vital de Bergson acaso?

Como mantienen los físicos, el campo del punto cero confiere impulso al electrón de manera que este nunca llegue a detenerse del todo. Según el físico Thomas Valone[4] la cantidad de energía trasferida a un electrón es numéricamente igual a la frecuencia de oscilación multiplicada por la mitad de la constante de Planck

---

[i] Peter Higgs era un físico teórico británico nacido el 29 de mayo de 1929 y que murió justo hoy, 9 de abril de 2024, mientras escribo estas líneas. Era más conocido por su propuesta, en la década de 1960, del mecanismo que explica el origen de la masa de las partículas subatómicas en la física de partículas, lo que se conoce como el mecanismo de Higgs. Este concepto predijo la existencia de una partícula nueva, el bosón de Higgs, a menudo apodada la «partícula de Dios».

(h = $6{,}63 \times 10^{-34}$ J.s), de este cálculo se puede obtener el valor de la densidad energética correspondiente al vacío, que se sitúa en el rango de 1024 1058 J/cm^3. Increíble pero cierto.

En resumen, podemos decir que el campo puede ofrecer explicaciones científicas a las explicaciones metafísicas del concepto de chi (fuerza de vida).

Campo del punto cero y su evidencia

Me gustaría explicar las bases teóricas que justifican algunas de nuestras ideas generales. En el mundo que percibimos y denominamos cosmos, en relación con la totalidad, podemos afirmar que el mundo observable está compuesto por materia yin, que se manifiesta a nuestra percepción a través de las formas yang. Sabemos que la materia está constantemente rodeada por la energía del punto cero del Dao, que se modela de forma continua y uniforme, sin embargo, es necesario justificar esta propuesta, es decir, la existencia de este campo del punto cero. En algunos casos, se han podido medir las alteraciones en este campo. Una de estas alteraciones es el cambio de Lamb, nombrado así por el físico americano Willis Lamb, quien lo descubrió en la década de 1940.

El efecto Lamb, descubierto por el físico Willis Lamb, es un fenómeno interesante en el campo de la física cuántica. ¿Qué es el efecto de Lamb? En términos simples, el cambio de Lamb se refiere a una pequeña diferencia en la energía esperada de los electrones de un átomo de hidrógeno, específicamente en cómo estos electrones se comportan en torno al núcleo atómico bajo ciertas condiciones.

Imagina un átomo de hidrógeno, que es el más simple de todos los átomos, compuesto por un solo protón en el núcleo y un electrón girando a su alrededor. Según las teorías más básicas de la física, los electrones se mueven en órbitas muy específicas y tienen niveles de energía predeterminados.

Lo que Willis Lamb descubrió fue que los niveles de energía de los electrones no siempre se ajustan a lo que las teorías clásicas predecirían. Encontró que hay una pequeña, pero significativa, variación en estos niveles de energía.

Por otro lado, el físico Hendrik Casimir descubrió también en esa época que dos placas de metal, al acercarse, generan una atracción que parece unirlas aún más. Esto se debe a que cuando las placas se sitúan próximas entre sí, las ondas del campo del punto cero que existen entre ellas se ven restringidas solo a aquellas que pueden extenderse sobre esta distancia. Al excluirse algunas ondas del campo, se produce una alteración en el equilibrio del campo que genera un desequilibrio energético: hay menos energía en el espacio entre las placas que en el vacío externo. Esta mayor densidad energética empuja a las dos placas de metal a juntarse.

Otra manifestación clásica de la existencia del campo del punto cero es el efecto de Van der Waals, nombrado por el físico holandés Johannes Diderik van der Waals. Este físico demostró que las fuerzas de atracción y repulsión que operan entre átomos y moléculas se deben a la manera en que está distribuida la carga eléctrica, y se descubrió que esto está relacionado con un desequilibrio local en el equilibrio del campo. Esta propiedad permite que ciertos gases se conviertan en líquidos. Además, se ha demostrado que la emisión espontánea de radiación por los átomos, sin causa conocida, también es un efecto del campo del punto cero.

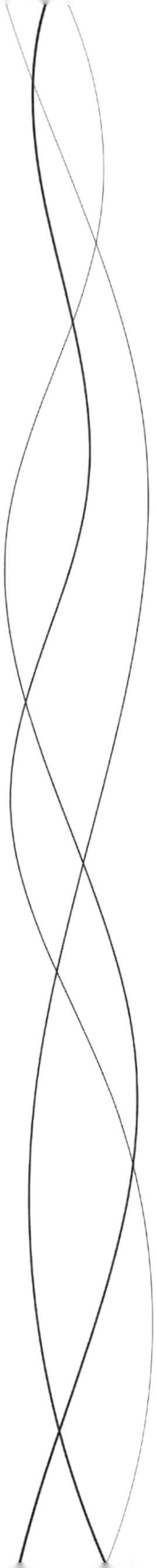

Capítulo 4

La viga maestra y Higgs

En el umbral donde la ciencia se encuentra con la filosofía, emerge una deducción intrigante que merece ser examinada con una mezcla de cautela y asombro. Esta reflexión nos invita a contemplar un puente entre la física contemporánea y los antiguos principios del Dao. El campo de Higgs es el centro de esta meditación, un ente enigmático en el corazón de la física de partículas, que podría interpretarse no solo como un componente fundamental de nuestra realidad física, sino también como un umbral metafórico entre dos dominios de existencia: el universo observable (reino de las partículas y lo tangible) y el universo inobservable (esfera de lo etéreo e intangible).

Campo de Higgs y Dao

La teoría del campo de Higgs, también conocida como mecanismo de Higgs, es una parte fundamental del modelo estándar de la física de partículas que explica el origen de la masa de las partículas elementales. Podemos deducir que es el origen de la materia (yin) que adquirirá formas (yang). Según esta teoría, hay un campo omnipresente en el universo, el campo de Higgs, que interactúa con algunas de las partículas fundamentales, como los cuarks y los leptones, otorgándoles masa. Esto es muy similar a la idea de la viga maestra de la teoría del *I Ching* que presentaré a continuación. Y una de las bases de la creación del cosmos, pues el cosmos es una manifestación de este campo de Higgs que se presenta en modo de dos fenómenos; la materia (yin) y la forma de la misma, con el atributo (yang), aquí entra de lleno la teoría del hilemorfismo (hilemorfismo o hilomorfismo es una teoría filosófica ideada por Aristóteles y seguida por la mayoría de los escolásticos, según la cual se concibe que la sustancia o *ousia* está compuesta por dos principios esenciales, uno es la materia y el otro la forma). El origen de este término procede de las palabras griegas *hyle* (ὕλη), 'materia', y *morphē* (μορφή), 'forma'. La materia, como cualquier objeto material, tiene una forma, la materia prima es el sustrato básico de toda la realidad. En el mundo material, la materia no puede darse sin forma y la forma no puede darse sin materia. Mientras que la materia pura no tiene más que una existencia teórica, la forma pura existe realmente: es la divinidad, el primer motor inmóvil es a lo único que tenemos acceso con nuestros sentidos —me explico, si la materia está hecha por partículas invisibles a nuestros ojos, solo la forma que adquiere es lo que realmente vemos, la materia en sí misma es invisible a nuestros ojos, solo vemos sus formas—.

En el contexto de nuestra discusión sobre el vacío, la fluctuación de partículas y la naturaleza del espacio, el campo de Higgs ofrece una perspectiva fascinante. A diferencia de la antigua noción del éter, que fue descartada como medio de propagación de la luz y otras fuerzas electromagnéticas, el campo de Higgs es una entidad aceptada en la física contemporánea que impregna el «vacío» del espacio (podríamos decir que es una nueva forma de éter moderno). Este campo no está «vacío» en el sentido tradicional, sino que está lleno de la actividad vibracional que se encuentra en el campo de Higgs. En palabras de Alberto Casas y Teresa Rodrigo:[1] «La hipótesis del campo de Higgs recuerda a la hipótesis del éter», recuerden que la teoría del éter presuponía que el vacío estaba en realidad lleno de una sustancia misteriosa llamada éter intangible pero muy rígido, que era el medio por el que vibraban las ondas electromagnéticas (luz), sin embargo, esta teoría pasó a ser una idea fallida, el éxito de la teoría de la relatividad generó la idea de que el éter era un concepto innecesario, pero, por muy gracioso que nos parezca ahora, los físicos del siglo XXI lo han vuelto a redescribir, pues se encontraron con el problema de la masa de las partículas, y lo han resuelto con un nuevo éter, eso sí muy distinto al del siglo XIX, en este caso es el campo de Higgs.

El renombrado James Clerk Maxwell fue uno de los primeros en sugerir que el espacio podría estar permeado por un éter de luz electromagnética. Sin embargo, esta noción fue refutada en 1881 por el físico polaco Albert Michelson,[2] quien, mediante un ingenioso experimento con luz, demostró la inexistencia de una sustancia llamada éter en el espacio. Contrariamente, Einstein mantuvo inicialmente la creencia en un espacio como un vacío absoluto, hasta que su propia teoría de la relatividad general reveló que el espacio está lejos de estar vacío, que, en realidad, alberga un dinamismo subyacente. No obstante, no fue hasta 1911 cuando uno de los pioneros de la teoría cuántica, Max Planck, a través de experimentos decisivos, estableció que incluso lo que consideramos como «espacio vacío» está lleno de una frenética actividad a nivel cuántico, de alguna manera la idea del éter retorna.

Postulado 4

«El Dao es el éter del siglo XXI» (Higgs).

La fricción ordinaria que sufre una pelota al desplazarse en un medio viscoso, como el aceite, no solo dificulta ponerla en movimiento, sino que una vez en movimiento, la fricción la frena y finalmente detiene. Sin embargo, en el mecanismo de Higgs, la interacción —es decir, la fricción— de una pelota con el campo invisible que la rodea produce única y exactamente el efecto de una masa. Debido a ello, efectivamente nos cuesta cierto esfuerzo poner una partícula en movimiento, pero una vez que ha sido puesta en marcha, la partícula proseguirá su movimiento con velocidad constante. La sola fricción con el campo de Higgs no frena el movimiento en absoluto. En este sentido, diríamos que el movimiento lo extrae del postulado 1 (Dao es movimiento-pulsación).

El mecanismo de Higgs propone que el espacio, lejos de ser un vacío absoluto, está lleno de este campo. Las partículas que interactúan con el campo de Higgs adquieren masa, mientras que aquellas que no interactúan (como los fotones)[i] permanecen sin masa. La existencia del campo de Higgs y la partícula asociada, el bosón de Higgs, fue confirmada por experimentos en el Gran Colisionador de Hadrones (LHC) del CERN en 2012, lo que fue un logro significativo en la física de partículas.[3]

Postulado 5

«El Dao gracias a ese éter genera masa (materia) yin».

Y el postulado 1 le da movimiento. Así, en la moderna comprensión del universo, incluso lo que consideramos como «vacío» está lleno de campos cuánticos como el campo de Higgs, que tienen efectos profundos sobre la naturaleza de la materia y el universo. En este sentido, la teoría del campo de Higgs encaja bien con la noción de que el «vacío» no está realmente vacío, sino pleno de actividad y propiedades fundamentales que determinan la estructura del cosmos.

---

[i] En física se considera que existen varias partículas fundamentales sin masa o con masa extremadamente pequeña en comparación con otras partículas. Estas incluyen:
Fotón: Es probablemente la partícula sin masa más conocida. El fotón es el cuanto de luz y otras formas de radiación electromagnética. Juega un papel esencial como portador de la fuerza electromagnética en el modelo estándar de la física de partículas.
Gluon: Es la partícula portadora de la fuerza nuclear fuerte, la cual actúa entre los cuarks dentro de los protones, neutrones y otras partículas subatómicas. Al igual que los fotones, los gluones son considerados partículas sin masa. Esto les permite mediar la fuerza fuerte a distancias extremadamente cortas dentro del núcleo atómico.
Gravitón (hipotético): En teorías que intentan cuantificar la gravedad (como la teoría de la gravedad cuántica), el gravitón es propuesto como el cuanto portador de la fuerza gravitatoria. Aunque aún no se ha observado experimentalmente y es puramente teórico, se espera que, si existe, el gravitón también sea una partícula sin masa.
El neutrino posee masa, pero es casi imperceptible.

Siempre han existido una serie de fenómenos que, de alguna forma, nos han indicado que, aparte de lo que nosotros podemos observar mediante nuestros sentidos (nuestra percepción) o con la tecnología presente (percepción gracias a la instrumentalización de la física), hay algo más en la naturaleza. En física se llaman variables ocultas y no se nos muestran de forma directa, no podemos apreciarlos mediante nuestros sentidos (ni con la tecnología), nos vemos obligados a descubrirlo de forma indirecta, a través del razonamiento y la abstracción, esto sucede con disciplinas tan complejas como la física de las partículas. No podemos acceder a ellas por la experiencia directa. Tendremos que construir grandes aparatos tecnológicos que nos den pistas de eso que intuimos y nombramos. Más de dos mil años tuvieron que pasar para poder demostrar las teorías atomistas griegos y ahora estamos redescubriendo el Dao.

La materia se compone de partículas fundamentales como protones, neutrones y electrones, que a su vez se descomponen en componentes aún más elementales, esto es la esencia del yin, la materia a este nivel es incognoscible por la percepción.

Materia y forma

Este es un punto muy importante y en consecuencia lo debo explicar mejor: «La materia es yin y es incognoscible, ¿cómo? Pues, aunque no lo crea, usted no puede percibir la materia (yin) lo que puede percibir es la forma de la materia (yang)». En filosofía oriental se dice: «El yin es negro, oscuro, desconocido, el yang es blanco, perceptible». Usted ve la forma de la materia, pero no ve la materia en sí, usted no puede ver los átomos, pero sí que percibe la forma que toman en sus conglomerados que muestra la cualidad manifestada en forma. A esto se le llama hilemorfismo.

Estas partículas se agrupan en distintas familias, cada una caracterizada por una masa creciente en comparación con la anterior. La razón de este incremento de masa entre las familias de partículas permanece como uno de los enigmas más intrigantes en el campo de la física, conocido coloquialmente como «el problema del sabor». Este fenómeno desafía nuestra comprensión actual y motiva una investigación continua para desentrañar los principios subyacentes que dictan estas diferencias de masa.[ii]

Relacionando esta idea con el concepto de «sabor» en física de partículas, cuando decimos que cada familia de partículas es una réplica de la anterior, nos referimos a que, dentro del modelo estándar de la física de partículas, existen diferentes familias o generaciones de partículas, y cada una de estas familias contiene partículas con roles similares, pero con masas distintas. Por ejemplo, en la familia de los leptones tenemos al electrón en la primera generación, al muon en la segunda y al tauon en la tercera, cada uno actúa de manera similar en términos de interacciones, pero como son recurrentes en diferentes escalas se asemejan a conceptos encontrados en algunas filosofías o teorías orientales, donde se sugiere que las estructuras o patrones que observamos en una escala (como la del universo visible) se reflejan también en otras escalas, ya sea más grandes (macrouniverso) o más pequeñas (microcosmos). Es una noción de simetría y armonía en la naturaleza, donde las mismas leyes fundamentales o principios se aplican a través de diferentes niveles de la realidad.

En el contexto de la física, este patrón repetitivo en las familias de partículas sugiere que podrían existir principios subyacentes aún no comprendidos por completo que dictan estas simetrías y

[ii] En este contexto, el término «sabor» no tiene que ver con el gusto, sino que es una forma de describir un tipo de característica que tienen algunas partículas elementales, algo así como una «etiqueta» o «categoría» que nos ayuda a diferenciarlas unas de otras.
Imagina que tienes una caja de bombones con diferentes rellenos: algunos son de nuez, otros de caramelo, otros de frutas, etc. A simple vista, todos los bombones pueden parecer iguales, pero el relleno o «sabor», es lo que los hace únicos. En el mundo de las partículas elementales, el «sabor» funciona de manera similar. Por ejemplo, los electrones, los muones y los tauones son como tres tipos de «bombones» que pertenecen a la misma familia (llamada leptones), pero cada uno tiene un «sabor» diferente, lo que en este caso se refiere a propiedades como su masa y la forma en que interactúan con otras partículas.
Lo curioso y complicado del «sabor» en física de partículas es que no entendemos completamente por qué estas partículas tienen los «sabores» que tienen, ni por qué las masas asociadas a cada «sabor» son tan diferentes entre sí. Esto es lo que los físicos llaman «el problema del sabor» y es uno de los muchos misterios que siguen explorando en su búsqueda por comprender los fundamentos de nuestro universo.

estructuras. Aunque la analogía no es perfecta y la física no se basa directamente en estas teorías orientales, la idea de patrones y leyes universales que se repiten en diferentes escalas resuena tanto en ciertas filosofías como en la ciencia moderna y alimenta la curiosidad y la investigación sobre la estructura fundamental del universo.

Postulado 6

«El Dao se rige por patrones repetitivos que evolucionan».

No quiero entrar en detalles, pero hoy en día sabemos la masa de cada familia de partículas se expresa en GeV y la ciencia apoya rotundamente que en física se repiten siempre patrones periódicos de manifestaciones de las formas. Esto podría darnos pistas sobre el proceso de la propia vida. A este respecto, la existencia del campo de Higgs, sería un campo que lo cubre todo, un tejido invisible. Los físicos se refieren a él cómo, un campo que lo llena todo (postulado 2. Campo de campos. El campo de Higgs en este caso sería la frontera).

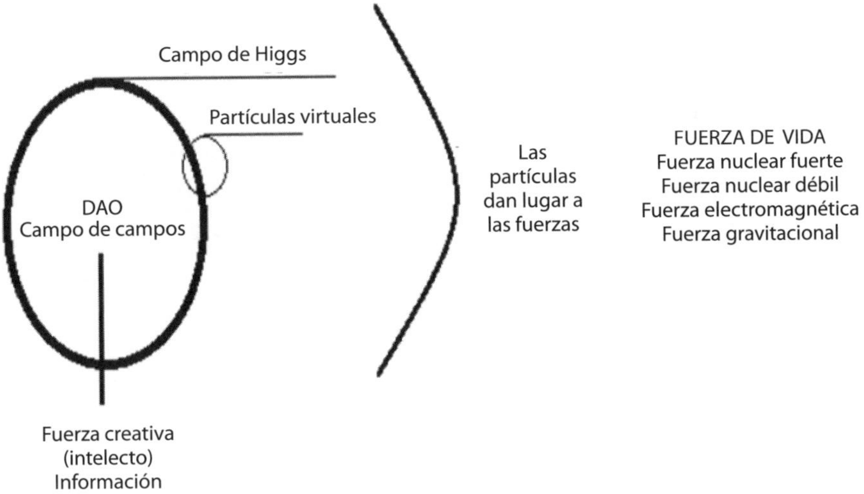

Figura 4.1.

Esto explica, por qué una partícula tiene la masa que tiene. Según la teoría de los campos cuánticos, la materia interacciona con el campo de Higgs con una intensidad diferente, cada partícula interacciona de una manera diferente. De esta interacción surgen las diferentes partículas y su emergencia formando la materia, su posterior autoorganización a través de los campos mórficos, estos campos los explicaremos en temas siguientes, pues tiene que ver con los campos energéticos que modelan la materia manifestando sus formas.

El mecanismo de Higgs suscita algunas cuestiones, si el vacío está lleno de un campo, entonces ya no es un vacío, existe en él un campo, una fuerza. Las partículas con mayor masa son las que más friccionan con el campo, es decir como si ese campo fuera un líquido y las partículas que emergen en él generan la fricción necesaria para manifestarse, a ese líquido se le suele llamar el mar de Dirac. El mar de Dirac es un concepto teórico propuesto por el físico Paul Dirac en 1930 para explicar un problema en su ecuación relativista para electrones. La ecuación de Dirac predecía la existencia de estados de energía negativa, lo cual era problemático porque, en teoría, un electrón podría perder energía indefinidamente al caer en esos estados, lo que no tiene sentido físico. Para resolver este dilema, Dirac sugirió que todos esos estados de energía negativa estaban ya ocupados en un «mar» infinito, conocido como el mar de Dirac. En este mar, todos los estados de energía negativa están llenos, por lo que los electrones no pueden caer en ellos, y cualquier estado vacío en este mar se percibe como una partícula con carga positiva, es decir, un positrón, la antipartícula del electrón. Este modelo fue clave para predecir la existencia de antipartículas, pero con el tiempo fue superado por teorías más modernas como la teoría cuántica de campos, que ofrece una descripción más completa y simétrica del comportamiento de partículas y antipartículas sin la necesidad del mar de Dirac, sin embargo, su idea ilustra muy bien nuestro concepto.

Finalmente, el bosón de Higgs corresponde a esa excitación del propio líquido. Sabemos que cuando agitamos el agua surgen ondas, entonces, esas ondas son los bosones de Higgs en ese campo. Aquí el agua es el campo y el Dao sería el mar que hay debajo de esa honda. Eduardo Punset en una de sus magistrales entrevistas con grandes físicos dijo: «Sí, queridos lectores, esto no les recuerda a la teoría del éter, esa energía que lo bañaba todo y que influía en todo». El bosón de Higgs es cada una de esas partículas que aparecen y desaparecen misteriosamente, dando consistencia a la materia y al campo la línea divisoria.

Postulado 7

«El Dao es el mar de posibilidades y su horizonte es el campo de Higgs. La viga maestra de la teoría del *I Ching*».

Esta interpretación del campo de Higgs como una «línea» o «fuerza» divisoria invita a una exploración más profunda de su papel en la delineación de lo que es manifiesto y lo que se escapa a nuestra percepción directa. Al equiparar el campo de Higgs con este límite metafísico, se abre una ventana a una comprensión más rica de nuestra realidad, donde la física no solo describe el comportamiento de las partículas fundamentales, sino que también sugiere una estructura más amplia, en concordancia con las visiones del Dao sobre la naturaleza dual y complementaria del cosmos. La metafísica es una rama de la filosofía que se ocupa de estudiar la naturaleza, la estructura y los principios fundamentales de la realidad. Este campo aborda cuestiones que van más allá de la física, es decir, más allá de lo que puede ser observado o medido de manera directa. La metafísica trata temas como la existencia, los objetos y sus propiedades, el espacio y el tiempo, la causa y el efecto, y la posibilidad. Históricamente, la metafísica ha sido una de las disciplinas filosóficas más ricas y complejas, y ha sido objeto de diferentes interpretaciones y enfoques a lo largo del tiempo. Los filósofos metafísicos buscan entender aspectos de la realidad que no son accesibles a través de métodos científicos, empleando el razonamiento lógico y argumentativo. En resumen, la metafísica intenta responder a preguntas acerca de qué cosas existen realmente, cómo se relacionan entre sí en el universo, y cuál es la naturaleza fundamental de esas cosas.

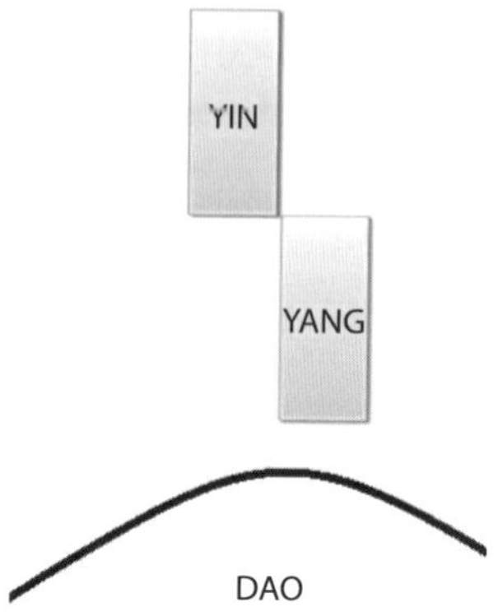

Figura 4.2.

Esta perspectiva nos desafía a considerar que, al igual que el Dao establece un equilibrio y armonía entre opuestos, el campo de Higgs podría estar jugando un papel similar en el equilibrio dinámico entre el mundo de lo observable y lo inobservable. Tal interpretación no solo enriquece nuestra comprensión de la física con dimensiones filosóficas, sino que también invita a la ciencia a dialogar con antiguas sabidurías, abriendo nuevos caminos para explorar la intrincada tela de la realidad.

Esto nos lleva a las siguientes deducciones: siempre se nos ha explicado que hay dos manifestaciones de la realidad una yin y una yang. El Dao, en cierto sentido es el inicio de estas manifestaciones, está antes del yin y el yang. El mundo en el que vivimos es el mundo observable un yin y un yang (figura 4.2) que se presenta ante nuestros ojos como materia y energía (yin) y forma (yang). El Dao es la fuente donde se manifiesta la dualidad yin-yang, es la matriz de la información que colapsa en nuestro universo.

Hay que subrayar que cuando hablo de yin hablo de materia y energía, pues la materia y la energía están intrínsecamente unidas, como sabemos en el yin hay yang y en el yang hay yin. En este sentido dentro del yin tenemos partículas (la parte negra del yin) y sus fuerzas (la parte blanca del yin). Y en el caso del yang la parte blanca es la forma de la materia y la negra es la masa.

Figura 4.3.

Todo lo que podemos tener en nuestra experiencia está en este universo formado por la dualidad yin (materia) yang (forma), esto crea nuestra percepción. En el universo todo se rige por esta ley taoísta de la dualidad yin-yang.

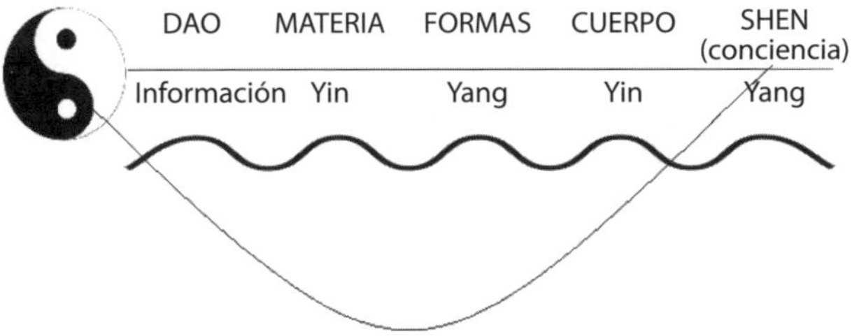

Figura 4.4.

El Dao no es yin (materia) ni yang (forma) es «potencialidad-movimiento-información». La materia y la energía es lo que se manifiesta a través de sus formas en nuestra percepción corpórea. Cuando en el cosmos surgió la materia/energía, a la vez aparecieron el espacio y el tiempo. Pero… ¿dónde está ese punto de inflexión?, ¿dónde está la frontera entre la manifestación y la potencia de manifestación?, ¿dónde está esa línea divisoria? El campo de Higgs sería esa membrana que separa el Dao de la manifestación yin-yang. Algo así como la teoría de la viga maestra de la teoría oriental.

El campo de Higgs y la viga maestra

Según la tradición oriental todo empieza con el *I Ching*.[4] El *I Ching*, *Yijing* o *I King* (en chino tradicional: 易經; en chino simplificado: 易经; en pinyin: yì jīng) es uno de los primeros textos y se supone se escribió hacia el 1200 a. C. Es uno de los cinco clásicos confucianos. Debemos tener en cuenta que este clásico confuciano no es propiamente una obra desarrollada por Confucio, sino la puesta por escrito de una tradición milenaria que procede de la prehistoria y que fue heredada por la cultura china posterior. Su transmisión mediante un texto canónico la elaboraron muchos sabios antiguos y fue Confucio quien le dio un texto accesible a los lectores civilizados, su importancia radica en que, sin duda, es una reliquia de la prehistoria (Gastón SouBlette, 2022).[5]

El término *I Ching* significa 'libro de las mutaciones'. Es la base de los cambios, todo es un proceso en continuo cambio. El texto fue aumentado durante la dinastía Zhou y posteriormente por comentaristas de la escuela de Confucio, pero su contenido original es de procedencia taoísta y no confucianista. Es un libro oracular, sapiencial y moral, a la vez que, por su estructura y simbología, es filosófico y cosmogónico. Voy a explicar en qué consiste este maravilloso libro, que muchas veces se ha desprestigiado al ser confundido con un libro oracular, que si bien tiene esas funciones, no es para nada «adivinatorio» sino más bien predictivo y, lo más importante, cómo se relaciona con la de idea del campo de Higgs, como no tardaremos en intuir.

No «adivina nada» más bien predice acontecimientos y es sobre eso de lo que voy a hablar aquí, para ello utilizaré la traducción que hizo Richard Wilhelm (1991, 2005). Podemos decir que cuatro autores influyeron en esta obra. Fu Hi, el rey Wei, el Duque Chou y Kung Tse (Confucio). De los cuatro, a Fu Hi[iii] lo designan como el inventor de los grafismos del libro de las mutaciones, no se conoce con exactitud en qué época fue escrito, se sospecha que sería alrededor del año 2400 a.C. (Neolítico).

[iii] Figura mítica, también llamado Fuxi. Tai Hao.

Figura 4.5. Fu Hi.

Seguro que todos conocemos este símbolo:

Figura 4.6. El yin y el yang.

Debemos saber que estos símbolos del yin yang derivan de otro más antiguo, que por otro lado es común a casi todos los pueblos antiguos, el famoso símbolo de la cruz (que por supuesto no tiene nada que ver con la cruz cristiana). Se dice que en la China prehistórica se desarrolló este símbolo (+) por un soberano muy anterior a Fu Hi, conocido como Hien Yuan, quien desarrolló este símbolo que representa la tierra en la línea horizontal, y la fuerza creativa del cielo que desciende sobre la tierra, en la vertical. La combinación de ambas fuerzas se denomina Hien Yuan. Estas dos fuerzas manifiestan todo el cosmos, por otro lado, la vida pertenecería a «la fuerza creativa», pues no es más que la fuerza de vida. La tierra y con ello todo lo manifestado tiene al desorden o «entropía», que es la fuerza creativa la que construye el «orden».

Postulado 8

«La fuerza creativa es una fuerza que tiende a ir en contra de la entropía».

Figura 4.7. Símbolo de la cruz.

Este símbolo en forma de cruz también se puede representar de forma horizontal (como vemos a continuación), donde la fuerza creativa sería una línea continua, la que desciende del cielo, y la línea de la tierra sería discontinua, precisamente por el corte que simboliza la línea que desciende del cielo.

Figura 4.8. Símbolo de la cruz representado de forma horizontal.

Esto configura lo receptivo, simbolizado con un tramo discontinuo y lo creativo, con un tramo continuo (símbolos asociados a los órganos genitales masculinos y femeninos, en las tradiciones ancestrales).

Entonces tenemos las dos líneas continua y discontinua, la viga maestra es la línea anterior a la aparición de estas dos líneas, esta viga se convierte en círculo y genera el símbolo del yin yang. Es el momento en que la nada da lugar al todo, ese momento engendra al uno, al círculo que pronto engendrará al dos, al tres y, así, a las mil formas. La viga maestra es el campo de Higgs, este crea la forma (el uno) que sirve de molde a la materia, forma la masa (el dos), de ahí aparece la materia y esta inminentemente genera la emergencia del cosmos, algo que se describe en la teoría del big bang. En el famoso libro *El Tao y la virtud* de Lao Tse se dice: «El hombre sigue la ley de la tierra y la tierra la ley del cielo [...] El Tao engendra al uno, el uno engendra al dos, el dos al tres, y el tres engendra a todas las cosas».

La viga maestra: el trazo entero simple se denomina viga maestra pues es el principio de la manifestación, lo que Lao Tse llama el uno, del cual surge la dialéctica del yang y el yin, aunque como sabemos el trazo en su calidad de uno genera la diversidad de un arriba y un abajo, de un delante y un detrás, de un lateral derecho y de otro izquierdo. La viga maestra es la depositaria de los campos mórficos, que veremos más adelante.

Postulado 9

«La viga maestra es la depositaria de los campos mórficos».

___ La viga maestra
Engendra los campos mórficos

En primer lugar, la forma y en segundo lugar la materia.
La forma está constituida a través de los campos mórficos.

____ Yang __ __Yin

Esta viga maestra forma el círculo cuando se pliega sobre sí misma, así entra en escena el movimiento, impulsado por el postulado 1.

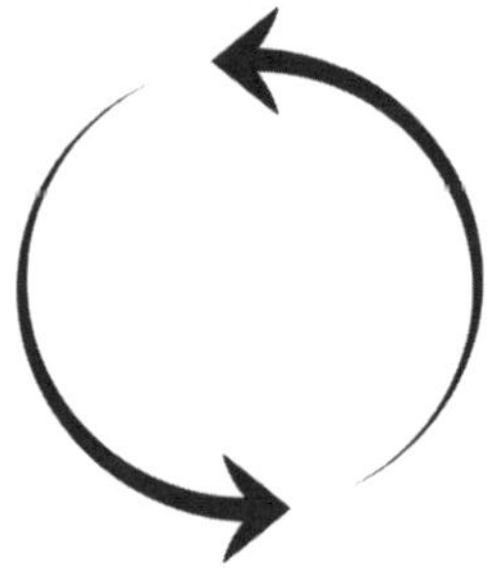

Figura 4.9.

El comienzo original del universo o de la propia vida, el gran comienzo de todo lo que es: Tai Chi, la viga principal, la viga maestra. La filosofía de los filósofos orientales en estos tiempos se centraba mucho en ese origen. El Wu Chi, principio aún anterior al comienzo original, se diseñó en forma de círculo, y el Tai Chi fue luego el círculo dividido en luz y tiniebla, yang-yin. Lo creativo se relaciona con el cielo (yang) y la tierra, con lo receptivo (yin). Lo cual nos recuerda a la cruz, el símbolo de la prehistoria. Lo creativo vertical y lo receptivo horizontal.

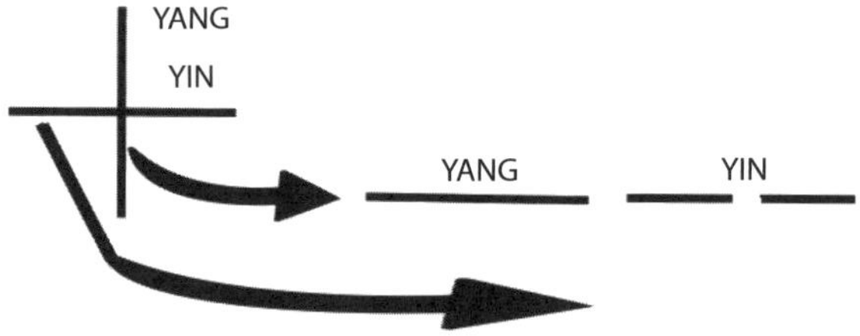

Figura 4.10.

Ya con ánimo de terminar este capítulo me gustaría señalar que existe un símbolo más antiguo[6] al famoso símbolo del yin yang que muchos no conocen, es el siguiente:

Figura 4.11.

Los círculos concéntricos son mitad yin y mitad yang, en consecuencia, cada círculo describe un momento del estado, es el cambio del yin al yang la creación y disolución-retorno. El círculo interior representa el (Wu-Chi) el nacimiento del todo, a continuación, podemos ver cómo van surgiendo las diferentes manifestaciones del yin y el yang. Los taoístas describen este símbolo como el yang abrazando al yin. Si observamos, de izquierda a derecha vemos blanco-negro-blanco (yang-yin-yang) y negro-blanco-negro (yin-yang-yin).

Tabla 4.1. Mundo manifestado.

YANG	YIN
Forma	Materia
Tiempo	Espacio
Cualidad	Cantidad

Tabla 4.2. Mundo inmanifestado del Dao, las tres virtudes del Dao.

Información
Movimiento
Sonido

Capítulo 5

Principio antrópico

El principio antrópico es un concepto filosófico y cosmológico que se utiliza para explicar cómo las leyes y constantes del universo parecen estar finamente ajustadas para permitir la existencia de las galaxias y la propia vida, por tanto, podríamos preguntarnos ¿cómo se ajustan estas leyes? ¿Qué fenómenos llevan a esta majestuosa y precisa obra?

Principio antrópico débil: Esta versión sugiere que cualquier teoría válida sobre el universo debe ser coherente con nuestra existencia como seres humanos. Dado que estamos aquí para observar el universo, las leyes y constantes físicas deben ser tales que permitan la vida tal como la conocemos. Por lo tanto, no es sorprendente que encontremos que el universo tiene las condiciones adecuadas para la vida, porque si no fuera así, no estaríamos aquí para observarlo.

Principio antrópico fuerte: Va más allá y sugiere que el universo debe tener leyes y constantes que inevitablemente crean las condiciones para la vida. En otras palabras, el universo no solo es capaz de soportar vida, sino que está estructurado de tal manera que la vida es una consecuencia necesaria de su evolución.

Principio antrópico participativo: Propuesto por el físico John Wheeler, esta interpretación sugiere que la presencia de observadores conscientes es fundamental para dar forma a la estructura del universo. Según este enfoque, no solo observamos el universo, sino que de alguna manera contribuimos a su realidad.

Estos tres principios intentan explicar el principio antrópico, sin embargo, antes de seguir vamos a explicar varios conceptos necesarios que arrojarán algún atisbo de luz al respecto.

Entropía

El concepto de que el universo tiende hacia un estado de mayor entropía o desorden, es una idea central de la segunda ley de la termodinámica. Esta ley establece que, en un sistema cerrado (donde no hay intercambio de energía o materia con el exterior), la entropía tiende a incrementarse con el tiempo. Este aumento en la entropía es a menudo interpretado como una transición de estados más ordenados a otros más desordenados. Se considera que el universo es un estado cerrado, sin embargo, dentro de este universo pueden existir sistemas abiertos, como las estrellas o el ser humano, por ejemplo.

Entendiendo la entropía como yang y el orden como yin

La entropía se puede pensar como una medida del desorden o de las configuraciones posibles que puede tener un sistema dado. Un estado de baja entropía tiene menos configuraciones posibles y por lo general es más ordenado. Por ejemplo, los cristales, con sus átomos ordenados en una estructura regular, tienen baja entropía comparados con un gas, donde las moléculas están distribuidas de manera mucho más aleatoria y tienen muchas más configuraciones posibles.

El incremento de la entropía en el universo sugiere que hubo un estado inicial de menor entropía, es decir, más ordenado. Según el modelo del big bang, el universo comenzó en un estado de alta densidad y temperatura, muy uniforme, que se expandió y enfrió, llevando a la formación de estructuras como galaxias, estrellas y planetas. Estas estructuras representan incrementos locales de orden, pero en un contexto global, el universo como un todo está incrementando su entropía.

Conexión con el principio antrópico

El principio antrópico y la tendencia del universo hacia la entropía se relacionan en el contexto de la formación y la viabilidad de la vida. Según el principio antrópico débil, observamos el universo en un estado que permite nuestra existencia. Esto implica que el estado inicial del universo debía ser de tal manera (baja entropía o más ordenado) que permitiera la evolución del cosmos de forma que eventualmente surgieran seres capaces de observar y reflexionar sobre él, como nosotros.

El estado inicial de baja entropía es crucial porque sin un universo inicialmente ordenado y finamente ajustado, en términos de sus condiciones físicas y constantes fundamentales, la complejidad necesaria para la vida tal como la conocemos podría no haberse desarrollado. La estructura inicialmente ordenada permitió la formación de átomos, moléculas, estrellas y galaxias, proporcionando las condiciones necesarias para la vida.

En resumen, mientras que la segunda ley de la termodinámica describe la tendencia universal hacia más desorden, el principio antrópico nos permite entender por qué observamos este particular rango de orden y condiciones físicas en el universo: son precisamente aquellos que permiten nuestra existencia y observación del cosmos. Estas ideas subrayan la relación intrínseca entre las condiciones físicas del universo y la vida consciente que este sostiene.

Expliquémoslo mejor:

La pregunta de dónde surgió el orden en un universo que tiende hacia la entropía es fundamental en la cosmología y la física. De acuerdo con nuestra comprensión actual del big bang y el desarrollo del universo, podemos decir que, en el Dao esta la información del «todo», esta información llega a un punto de inflexión y da con el gran estallido, empieza en un punto de máximo orden, todos los campos mórficos están presentes, pues es una imagen especular del Dao. En este momento estamos en el tiempo de Planck, una vez el espacio empieza a expandirse, empieza a manifestarse un orden yin mantenido por estos campos que al mismo tiempo emiten un desorden al propio espacio en forma de entropía yang.

El big bang y las condiciones iniciales

El universo comenzó con el big bang, se cree que fue un estado de alta densidad, temperatura extremadamente caliente y compacto. A pesar de que este estado podría parecer caótico, en realidad tenía un grado muy alto de orden en términos de homogeneidad e isotropía (es decir, era uniforme y similar en todas las direcciones). Esta uniformidad inicial es crucial porque representa un estado de baja entropía comparado con el universo más frío y estructurado que observamos hoy. En ese estado estaban todas las posibles formas. Esto me recuerda a nuestro cerebro, cuando los bebés llegan al mundo tienen una gran cantidad de conexiones cerebrales, más de las que van a necesitar, es ahí cuando entra lo que en neurociencias[1] se llama la poda sináptica, el cerebro lo que hace es ir eliminando conexiones en relación con las demandas del entorno, no crea más conexiones en ese momento, hace lo contrario, esto es justo lo que sucede en el momento del big bang.

La inflación cósmica

La teoría de la inflación, propuesta por Alan Guth y otros, sugiere que justo después del big bang, el universo experimentó una expansión exponencial extremadamente rápida. Este breve período de inflación alisó cualquier irregularidad que pudiera haber existido en el universo temprano, lo que contribuyó a la uniformidad y homogeneidad y, por tanto, a un estado de baja entropía. Un estado en el cual los campos mórficos podían manifestarse en mejor medida.

La formación de estructuras

A medida que el universo se expandió y enfrió, comenzaron a formarse estructuras como galaxias, estrellas y planetas. Este proceso parece ir en contra de la tendencia hacia un mayor desorden porque la formación de estructuras complejas y bien organizadas es un ejemplo de disminución de entropía en escalas locales. Sin embargo, «este orden local se crea a costa de aumentar la entropía en el universo en general, de acuerdo con la segunda ley de la termodinámica». El orden yin genera desorden yang en el universo.

Conservación y transferencia de energía

Durante la formación de estructuras, la energía se conserva y se transfiere de formas que aumentan la entropía en otras partes del sistema. Por ejemplo, cuando una estrella forma elementos más pesados en su núcleo, libera una cantidad enorme de energía al espacio circundante, aumentando la entropía general del universo mientras crea estructuras ordenadas (elementos) dentro de sí misma.

A tal efecto, el Dao confiere información al cosmos, esta información genera estructuras ordenadas a través de los campos morfogenéticos, creando yin (orden) y aumentando el yang (desorden) en el sistema general.

Principios físicos y leyes fundamentales

Las leyes fundamentales de la física que gobiernan la interacción de las partículas elementales y las fuerzas fundamentales también desempeñan un papel crucial en la emergencia del orden. Estas leyes determinan la forma de interactúar de las partículas y fuerzas, permitiendo la formación de átomos, moléculas y, por último, de la vida misma, bajo condiciones específicas.

En resumen, el orden en el universo proviene de su estado inicial extremadamente uniforme y las leyes de la física que dirigen la formación de estructuras complejas. Aunque el universo como un todo tiende hacia un estado de mayor entropía, la formación de estructuras ordenadas localmente es un testimonio de la complejidad y la belleza de los procesos físicos subyacentes que operan bajo estas condiciones.

Ahora ese orden que surge hasta la propia vida y usted mismo, es algo muy complejo de entender, es de ahí de donde surge el concepto del «principio antrópico» pues todas estas formas que observamos «no pueden ser debidas al azar», de ahí que se diga que el universo es como un reloj tan complejo que solo puede existir un relojero y ese relojero es Dios, si no se entiende el Dao es muy fácil llegar a esta conclusión. ¿Existe un diseñador inteligente en todo esto? Y entramos en el gran debate.

El concepto de entropía reviste una significativa importancia para la comprensión del presente estudio. Como se desarrollará detalladamente en el capítulo 7, el Dao se conceptualiza como información, y esta, a su vez, representa el fenómeno que contrarresta la entropía.

¿Dios o Dao?

Figura 5.1.

Geroge Smoot dijo: «El big bang, el acontecimiento más semejante a un cataclismo que podamos imaginar, si se lo analiza detenidamente, aparece estar finamente orquestado».

La formación del universo y los valores precisos que lo gobiernan son una de las grandes preguntas de la cosmología y la física teórica. Cuando decimos que hay alrededor de veinte parámetros o «constantes fundamentales» extremadamente precisos, nos referimos a valores que, si fueran ligeramente diferentes, el universo tal como lo conocemos no podría existir. Estos parámetros definen las leyes de la física y determinan cómo interactúan las partículas y fuerzas en el universo. Estos incluyen la fuerza de gravedad, la fuerza electromagnética, la interacción fuerte, la interacción débil, la velocidad de la luz, la constante de Planck, la constante de Boltzmann, la carga del protón positivo y del electrón negativo, la masa del protón, la masa del neutrón, la masa del electrón, la densidad masa-energía del universo, la velocidad de expansión del universo y la constante cosmológica que determina la curvatura inicial del universo.

Surge la pregunta: ¿De dónde provienen estos números? ¿Para qué sirven? ¿Cómo habría sido el universo si estos números hubiesen sido solo un poco diferentes?

¿De dónde provienen estos números? ¿Emergen del azar o de cálculos complejos que sugieren la intervención de un creador divino? ¿Para qué sirven estos valores? Estos números son los pilares fundamentales del universo y determinan su existencia, funcionamiento y evolución, en el universo que nosotros conocemos.

¿Cómo habría sido el universo si hubiese sido ligeramente diferente? Una modificación tan pequeña como del 10 % o incluso del 1 % de estos valores podría haber resultado en un caos completo, lo que ilustra la delicadeza del ajuste fino en el cosmos. Entonces lo fácil es pensar que ha sido Dios el creador y no el azar. Es aquí donde surge el gran debate entre creacionistas y científicos. Por un lado los que piensan que ha sido un ser creador, inteligente que ha creado todo lo existente y por el otro están los científicos que apelan al azar. Sin embargo, nosotros pensamos que entre un extremo y el otro está el Dao.

En el Dao, se concibe que lo único existente es la información, postulado 3, por otro lado, el postulado 10 establece que ni el espacio, ni el tiempo, ni la materia existen de manera tangible en el Dao. En este marco, la información es el único ente real y tiene la característica peculiar de poder interactuar sin estar sujeta a las leyes físicas convencionales. Por ejemplo, en nuestro cerebro podemos imaginar un elefante y luego modificar esa imagen para que el elefante sea de color rosa, aunque sabemos que tal cosa no existe físicamente. En el Dao, todo tipo de información puede manifestarse libremente, sin necesidad de existir materialmente en el cosmos. Por puro azar pueden interactuar miles de bits cuánticos de información. Además, si comprendemos que en el Dao no existe el tiempo, se eliminan las limitaciones que la naturaleza impone para imprimir el conocimiento y las posibilidades vinculadas al azar. Para ilustrar esto, imagine que compra un número de lotería todos los dias, siempre el mismo, aunque la probabilidad de ganar es extremadamente baja, el tiempo eventualmente se agotará y es muy posible que usted muera antes de disfrutar del boleto premiado, en un escenario sin tiempo, si usted viviera infinitamente, inevitablemente ganaría la lotería, no solo una vez, sino múltiples veces. El tiempo es lo que limita la ocurrencia de eventos.

«En el Dao, donde no hay límites temporales, toda información tiene el potencial de manifestarse».

Esta interacción de la información en lo que podríamos llamar un «éter cuántico» influye retroactivamente en el universo. Las formas más adaptadas y eficientes de esta información, al final, se manifiestan, creando nuevas realidades sin necesidad de un creador explícito. Todo se genera en un proceso continuo de creación y movimiento, evidenciando la dinámica inherente y autónoma de la creación en el Dao.

La concepción del Dao como un reino, donde la única entidad existente es la información y donde ni el espacio ni el tiempo ni la materia tienen existencia tangible, nos lleva a reflexionar profundamente sobre la naturaleza de la realidad y nuestra comprensión de la existencia. Este marco de pensamiento nos desafía a repensar cómo entendemos la interacción, la causalidad y la manifestación de los fenómenos en nuestro universo observable.

En el Dao, la posibilidad de que toda información pueda interactuar libremente sin las restricciones impuestas por las leyes físicas convencionales abre un universo de posibilidades metafóricamente infinito. Como el ejemplo del elefante rosa en nuestra mente, el Dao permite que conceptos y entidades no materiales interactúen y existan en un estado que trasciende nuestra experiencia física. «Este entendimiento se alinea con algunas interpretaciones de la mecánica cuántica, donde las posibilidades y los estados existen en superposición hasta que son observados o medidos. La medición la dan los campos mórficos».

La eliminación del tiempo como un factor limitante en el Dao es particularmente provocativa. En nuestra realidad, el tiempo ordena eventos y experiencias, limitando nuestras acciones y las consecuencias de estas. Sin embargo, en un escenario sin tiempo, como el que propone el Dao, cada evento tiene una posibilidad infinita de ocurrencia. La analogía de ganar la lotería en un universo atemporal ilustra cómo, en ausencia de tiempo, todos los resultados son, no solo posibles, sino eventualmente inevitables. «Esto nos invita a considerar la realidad como un campo de posibilidades ilimitadas donde el "cuándo" deja de ser relevante».

Por último, la idea de que en el Dao la información se manifiesta en formas cada vez más adaptadas y eficientes sin la necesidad de un creador explícito sugiere un proceso evolutivo de «autoorganización»; una reminiscencia de principios observados en la naturaleza, donde sistemas complejos surgen y evolucionan hacia estados de mayor complejidad y eficiencia a través de procesos naturales.

Reflexionar sobre estas ideas dentro del contexto del Dao no solo enriquece nuestra comprensión filosófica, sino que también potencialmente informa nuevas maneras de pensar sobre la ciencia, la tecnología y la exploración de la realidad cuántica. Nos desafía a imaginar un cosmos donde la información no está limitada por las estructuras físicas o temporales, y donde la existencia puede ser más fluida y dinámica de lo que normalmente percibimos.

La naturaleza del ser humano como una creación emergente del universo, nos lleva a considerar nuestra existencia como un reflejo directo de las características y leyes que gobiernan el cosmos. Si nosotros, como seres humanos, hemos sido capaces de descubrir los principios fundamentales que rigen el universo, o parte de ellos, incluidos los veinte números cruciales que definen su comportamiento, esto sugiere que el universo tiene la capacidad intrínseca de conocerse a sí mismo a través de nosotros. No somos observadores externos, sino una parte integral del universo, observándose a sí mismo y adquiriendo conciencia de su propia existencia.

Esta reflexión resalta nuestra conexión íntima con el cosmos y subraya que somos, en cierto sentido, una manifestación del «Dios encarnado» en nosotros mismos. La tendencia humana a proyectar la idea de un dios externo que controla todo puede ser un reflejo de nuestro deseo de encontrar significado y control en un universo vasto y a menudo desconcertante. Sin embargo, reconocer nuestra propia capacidad inherente de ser lo que queremos ser y de dar forma a nuestra propia existencia es un poderoso recordatorio de nuestro potencial y autonomía. El Dao nos enseña que la metáfora de Dios Creador es un reflejo de nuestra necesidad de entender lo que sucede más allá de nuestro conocimiento, sin embargo, desde la perspectiva expuesta queda claro que no hay ningún dios creador. Todo es una creación emergente, incluida la mente de unos seres que, a su vez, emergieron de este mismo proceso. Para entender este fenómeno tan extraño y a la vez sorprendente, decidieron crear un dios, ya que ellos fueron creados por una madre. Asimismo, pensaron que el universo podría haber sido generado por un gran padre, como cuentan algunos relatos que ocurrió en siete días. Esta idea es, sin duda, una manera de intentar explicar cómo se formó el universo.

Imagine la mente de un ser que observa cómo dentro de una mujer se genera un ser humano. En este caso, la madre es la diosa, que crea de sus entrañas a un bebé. ¿Cómo? Hoy sabemos que el útero es el nido donde se unen dos células primordiales, las cuales contienen la «información» del nuevo ser. Esta información está escrita en la materia, en este caso el ADN, y necesita un estímulo externo para poder expresarse. Esto está determinado por las sustancias que se encuentran fuera de las células. Al entrar en el mundo de la epigenética, la célula sabe cómo debe diferenciarse. Todo está programado en un código, el código de la vida, que a su vez evolucionó desde los ancestros más remotos. Todo es información que se expresa de algún modo, pero ¿de dónde proviene toda esa información? Del Dao, del campo del punto cero, de ese mar de posibilidades.

La idea de que un dios externo es incapacitante ya que externaliza el poder y la responsabilidad, mientras que la autorrealización y la autocomprensión nos empoderan para tomar el control de nuestras vidas, la fuerza creadora está dentro de nosotros. Al reconocer que somos una parte del proceso de evolución y autodescubrimiento del universo, podemos asumir el control de nuestro propio destino y darnos cuenta de que somos parte de algo mucho más grande y más misterioso. Esto puede liberar nuestra capacidad de ser lo que queramos ser y de forjar nuestro propio camino en el proceso continuo de la existencia.

Sin embargo, los creacionistas como James Gardner, uno de los teóricos más serios de la complejidad, retoma las ideas de Fred Hoyle y sugiere que imaginar que la vida apareció por casualidad en la Tierra es un poco como creer que: «si se espera lo suficiente, un Boeing 747 se ensamblará espontáneamente a partir del polvo existente en el cinturón de asteroides». Por este motivo James Gardner sostiene que debe haber un diseñador para crear algo tan complejo como un Boeing 747. Esta reflexión es cierta, para crear un Boeing se requiere de información acumulada. En el caso de la ingeniería, esta información reside en el cerebro humano. En el universo, no se pueden crear aviones de forma espontánea; se necesita un creador que posea la información adecuada y la necesidad de crearlo, en este caso es el ser humano el que lo crea, gracias al cerebro y la información que pose. Pero, y aquí es donde destruyo la tesis de James Gardner, acaso no es el cebro humano una manfestación emergente del universo que a su vez hace y crea un Boeing que aparece en el planeta Tierra.

En este sentido, el ser humano también es una estructura emergente del universo, que tiene información implícita en forma de ADN. Si nos remontamos a los núcleos atómicos, de los cuales está compuesto el ADN, nos daremos cuenta de que también contienen información. Si seguimos retrocediendo, llegaremos al punto del Dao, donde se encuentra toda la información que se configura en mecanismos emergentes y autopoiéticos. De este tema hablaremos en profundidad en capítulos posteriores. Pues el Boeing tambien está en el Dao, debido a que es creado de forma secundaria por una propia creación suya, ¿maravilloso verdad? En el Dao está el Boeing, pero este se crea en el universo a través de una creación propia, el ser humano.

Capítulo 6

Wu Chi la esencia del Dao y el big bang

El concepto de Wu-Chi en la filosofía taoísta representa una noción fundamental, que describe el proceso dinámico de la creación y disolución del universo, es decir, la transición entre la existencia y el retorno al Dao, no existencia. Según esta perspectiva, el Wu-Chi se considera el estado de vacío o la nada absoluta, que precede incluso al Tai Chi, al principio de dualidad y a la generación de opuestos. Desde esta visión cosmológica, se sostiene que todas las cosas emergen del Dao, la fuente primordial y el principio ordenador de todo lo que existe. En este contexto, el Dao no solo actúa como origen sino también como destino final, a donde todas las entidades y fenómenos regresan inevitablemente. Esta idea refleja un ciclo perpetuo de manifestación y retorno, una oscilación continua entre la forma y la vacuidad.

Esta forma hipotética de entender la cosmología puede contestar a la pregunta que tanto calor y alboroto genera en la cosmología: ¿el universo es finito o infinito?, en este sentido el universo responde a las dos afirmaciones, el universo es infinito pues como redice el Dao está en constante devenir, pero es finito en el sentido de que crece y decrece, en continuas emergencias.

Según esta aproximación teórica el universo en el que nos encontramos es finito, pues crece y decrece, pero el universo es, a su vez, un sistema de universos, entiendo que esto puede ser complejo de entender, de hecho, voy a matizarlo en el punto siguiente.

El fenómeno de las partículas virtuales ilustra este principio a nivel subatómico. Estas partículas son efímeras, surgen espontáneamente del vacío cuántico y solo existen durante fracciones de segundos antes de aniquilarse o transformarse. Este proceso puede ser visto como un paralelo microcósmico del ciclo de venida y retorno que describe el Wu-Chi. Las partículas virtuales, por tanto, no son solo fluctuaciones sin significado, sino manifestaciones del dinamismo inherente al Dao, emergen de la nada y se disuelven de nuevo en ella, en un reflejo del eterno juego de creación y disolución que sostiene el universo.

En resumen, el Wu-Chi y el concepto de partículas virtuales ofrecen una fascinante ventana hacia la comprensión de la naturaleza cíclica y fundamental del cosmos según el taoísmo, proporcionando una valiosa perspectiva sobre cómo la cosmología oriental concibe la interrelación entre el vacío, la existencia, y las fuerzas subyacentes que configuran la realidad. Este entendimiento no solo enriquece nuestra visión del universo físico, sino que también ofrece profundas implicaciones metafísicas y espirituales, que desafían nuestras concepciones tradicionales de la existencia y la no-existencia.

Solo el movimiento (postulado 1) es lo que hace el ir y venir de las cosas. En el *I Ching* se predice que, si comprendemos la naturaleza subyacente de cambio, conoceremos el pasado y futuro. El Wu-Chi se simboliza con el círculo. Heráclito sostenía que la fuente del universo era el devenir en el eterno movimiento. Y en este sentido Aristóteles dijo que el movimiento es la medida del tiempo.

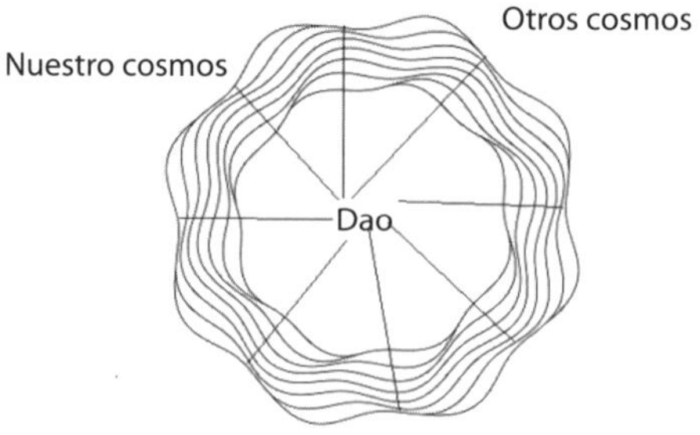

Figura 6.1.

Antes de continuar, me gustaría el que el lector entendiera mejor la figura 6.1 (Dao), donde se aprecia que nuestro cosmos está representado por una onda, que a mucha gente le parecerá análogo al globo de Eddington de expansión del universo. Podríamos pensar que del Dao salen tantos globos como posibilidades, y me gusta el ejemplo de Stephen Hawking y Leonard Mlodinow[1] quienes sostienen que nuestro universo, es decir nuestro cosmos, es la superficie de una burbuja: «Nuestra imagen de la creación cuántica espontánea del universo es, entonces, algo parecida a la formación de burbujas de vapor del agua en ebullición. Aparecen muchas burbujas diminutas, que vuelven a desaparecer con rapidez». Esas burbujas representan miniuniversos que se expanden y colapsan cuando aún tienen un tamaño microscópico. Representan posibles universos alternativos, pero no tienen un gran interés, puesto que no perduran lo suficiente para que en ellos se formen galaxias ni vida.

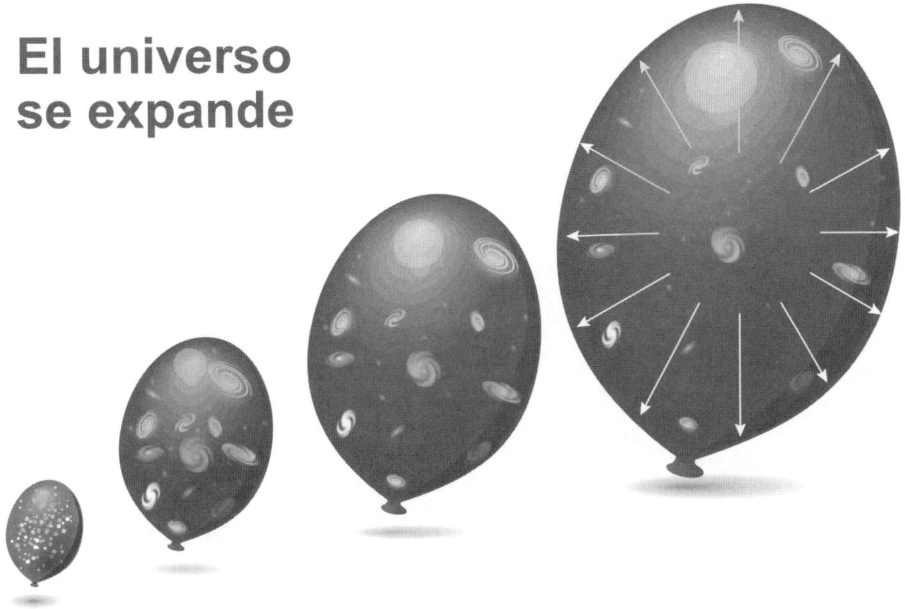

Figura 6.2.

Algunas burbujas crecerán lo suficiente para hacerse fuertes y no colapsar, y así seguir expandiéndose, a un ritmo cada vez mayor, esas burbujas están en un estado de inflación.

El lector advertirá que estamos apuntando a la teoría de los multiversos y esto, en palabras de Hawking: «puede explicar el ajuste fino de las leyes físicas sin necesidad de que un Creador benévolo hiciera el universo para nuestro provecho».

La idea del Wu-Chi la podemos ver en el capítulo 28 del *Tao Te Ching* [El retorno al Wu-Chi], donde se menciona por primera vez. El famoso filósofo y erudito chino Chuang-tzu es el primero en mencionar los conceptos: «pasar la puerta innominada» y «vagar en la extensión del Wu-Chi». El Wu-Chi es entonces el origen de todas las cosas y se representa por el círculo, el símbolo que se genera inmediatamente después del Wu-Chi es el Tai Chi o gran último, que todos conocemos como yin yang 陰陽 (el significado originario de los términos yin y yang no se conoce con exactitud). El carácter chino tradicional de yin (陰) —traducido con frecuencia como oscuro o sombrío—, representa la parte norte y nubosa de una montaña, mientras que en el simplificado (阴) aparece el carácter de la luna (月, yuè). El carácter tradicional de yang (陽) representa el lado sur y soleado de una montaña; en el simplificado (阳) aparece sol (日, rì).

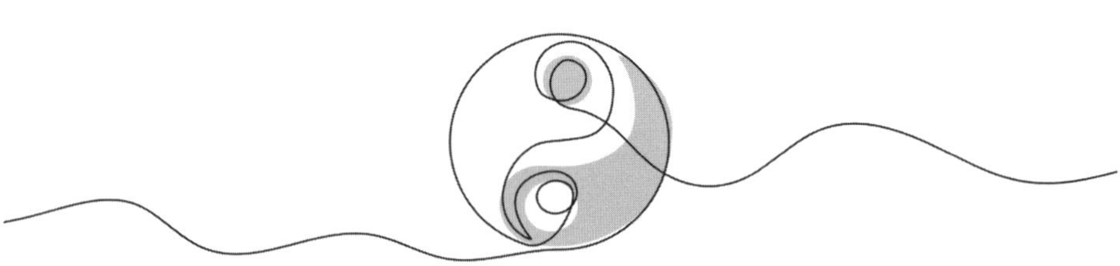

Figura 6.3.

Observamos la línea del medio en forma de onda que aparece en el círculo, junto a esta línea que, en sí misma es unidad, aparece en el mundo la díada, la dualidad, fenómeno que podemos ver continuamente en biología. Muchos de los fenómenos que observamos en la naturaleza se manifiestan a través de la dualidad, por ejemplo: hombre-mujer, feo-guapo, alto-bajo, etc. Esta onda representada en el símbolo del yin yang, es justo el movimiento que hace que el cosmos pulse, en una subida y una bajada de movimiento eterno. Desde este punto de vista, la vida funciona por opuestos que pulsan, podemos decir que la vida es pulsación de la materia, y esa pulsación nace de esa fuerza física que, en la filosofía oriental, denominan la viga maestra. Pues con ella, aparece el mundo de los contrarios: arriba-abajo, derecha-izquierda, delante-detrás, que se representan a través del yin yang.

En el libro del *I'Ching* se habla precisamente de ese gran comienzo, el comienzo del cual nace todo lo que nuestros sentidos perciben en el cosmos, la materia y su pulsación. También se describen las fuerzas fundamentales que engendraban las cuatro imágenes, las cuatro imágenes engendran los ocho signos y así se genera todo lo que observamos. Conceptos similares se manifiestan en ciencias tan complejas como la genética.

En este sentido, el campo de Higgs sería la línea que delimita al Dao, la línea que separa estos dos universos: el yin manifestado y el yang, potencia de lo que se manifiesta. Del Dao se emiten partículas (virtuales) que se manifiestan en la dualidad, en un continuo traspaso de información que proviene del Dao y se manifiesta en el cosmos. Las dos cualidades están en contacto y forman el universo (o todos ellos, si admitimos que hay más), sin embargo, ese contacto es muy sutil y la física newtoniana nunca lo pudo descubrir, pero hoy en día es la base de las explicaciones físicas del Dao y de la física cuántica. Además, esto también explica muy bien la teoría del big bang y los universos en expansión y retracción. Pues estos universos yin yang están expandiéndose y retrayéndose incesantemente, gracias a la fuerza del Dao. El campo de Higgs sería la línea, el mar divisorio que separa la realidad entre el campo del punto cero y el resto. Y, como señala Juan de Lucas: «Exige que pronunciemos a menudo esas detestables palabras: "Puede que me equivoque"».

El big bang y Wu Chi

Hemos comenzado el capítulo con el siguiente párrafo: «El concepto de Wu-Chi en la filosofía taoísta representa una noción fundamental que describe el proceso dinámico de la creación y disolución del universo, es decir, la transición entre la existencia y el retorno al Dao». Entonces en «nuestro» universo hubo un principio, ¿esto realmente fue así? No sé si usted, querido lector, conoce las implicaciones de esto, pero según el «pie de página 5» mencionado en el capítulo 1 de este libro deberíamos admitir dos opciones.

- El universo tuvo un inicio y en consecuencia debe de existir un «Dios creador».
- El universo es inmutable y nunca tuvo inicio ni fin. Aquí entra el mecanicismo.

Estas dos miradas, a lo largo de la historia han generado muchos conflictos en la humanidad y mucho sufrimiento estúpido, sin duda se olvidaron de la tercera opción, la del Dao que afirma las dos y al mismo tiempo las niega. Es decir, en nuestro universo hubo un principio, sin un dios creador, es la propia creación la que se crea así misma en el devenir del tiempo y el mismo universo colapsará en un momento dado, sin embargo, eso no quiere decir, que en ese momento ya se esté creando otro universo que palpite al mismo son que el colapso, todo es un yin yang en continuo crecimiento-decrecimiento.

En este trabajo, es esencial desarrollar en profundidad la teoría del big bang debido a sus significativas implicaciones. Continuamente, abordamos el concepto de que de la «nada» emerge todo. Podríamos considerar que el big bang marca el momento inicial y que, justo antes de este evento, el universo se encontraba en un estado de potencia Dao (un término que implica un estado primordial de equilibrio o caos). Siguiendo esta línea de pensamiento, el cosmos puede compararse con una partícula que aparece y desaparece; sin embargo, las magnitudes implicadas son de una escala mucho mayor. Esta perspectiva es crucial para establecer una base sólida para el análisis siguiente.

La historia del big bang

La historia del big bang es una narrativa fascinante que emerge en el siglo XX, un periodo antes dominado por concepciones del universo como un entorno fijo e inmutable. Antes de la influencia de Einstein y, aproximadamente desde principios hasta mediados del siglo, la cosmología era considerada por muchos en el ámbito científico como una pseudociencia; no había mucho que debatir dado que la visión predominante era que el universo era eterno, sin límites en el tiempo y el espacio.

Esta perspectiva comenzó a cambiar de manera radical con Albert Einstein, quien, siendo un joven relativamente desconocido en ese entonces, publicó cuatro artículos revolucionarios en la revista *Annalen der Physik*. El tercero de estos artículos, titulado «Sobre la electrodinámica de los cuerpos en movimiento», introdujo la idea de que la velocidad de la luz es una constante universal y una barrera insuperable en nuestro universo, mientras que el tiempo y el espacio son relativos y están sujetos a contracción y expansión dependiendo el sistema de referencia observado.

Einstein consolidó sus ideas revolucionarias en 1915 con la presentación de su teoría de la gravitación, conocida como la teoría de la relatividad general. Esta teoría no solo corrigió, sino que también englobó y reemplazó la teoría gravitacional de Isaac Newton. En el lenguaje de la relatividad general, los planetas no giran simplemente alrededor del Sol; en realidad, se mueven hacia adelante en un espacio curvado localmente por el campo gravitacional del Sol.

Las predicciones de Einstein fueron confirmadas por Arthur Eddington durante un eclipse solar en 1919, verificando así la distorsión del espacio-tiempo. Más tarde, en 1954, un año antes de la muerte de Einstein, la dilatación del tiempo fue confirmada mediante relojes atómicos embarcados en un avión, demostrando que el tiempo local de un objeto que se desplaza a alta velocidad se dilata y se extiende más de lo esperado. Sin embargo, la idea de un universo inestable fue algo que incomodó a Einstein. En 1917, intentó modificar sus propias ecuaciones añadiendo la «constante cosmológica» para hacer que sus cálculos reflejaran un universo estacionario, un ajuste que más tarde consideraría su «mayor error». Al final, se reveló que el universo no era estático, fluctuaba y estaba lleno de movimiento, algo que había intentado, sin éxito, estabilizar con su famosa constante cosmológica.

En este contexto, mientras Einstein defendía la idea de un universo estable mediante su constante cosmológica, Alexander Friedmann desafiaba esta noción en 1922 al publicar la primera teoría del universo en expansión.[2] Friedmann envió su artículo a Einstein, quien reaccionó de manera adversa. En privado, Einstein expresó su irritación ante la idea de un universo expansivo, calificando tal posibilidad de insensata. Posteriormente, respondió con una carta lacónica publicada en la revista *Zeitschrift für Physik*, en la que denunciaba supuestos errores de cálculo en el trabajo de Friedmann, calificando los resultados sobre un universo no estacionario como «muy sospechosos». Me pregunto yo, ¿sospechoso de qué? Pues obvio, si el universo estaba en expansión y no estaba determinado, entonces cuando nació, ¿quién o qué lo hizo? Aquí aparecía la sombra de un creador y los mecanicistas aborrecían esta idea.

Friedmann, afectado pero persistente, replicó pidiéndole a Einstein que señalara dónde estaba el error. Einstein inicialmente no respondió, pero Friedmann tenía un aliado en Yuri Krutkov, y con la ayuda de un antiguo profesor de física, Paul Ehrenfest (gran amigo de Einstein), lograron replantear el problema. Finalmente, con una revisión más cuidadosa, Einstein reconoció públicamente que no había error en los cálculos de Friedmann.

Esta historia destaca cómo la integridad científica de Einstein lo llevó a admitir su error una vez que se presentaron las evidencias adecuadas, aunque cabe preguntarse qué hubiera sucedido si no hubiese sido presionado por su círculo cercano de amigos y colegas. Este episodio nos recuerda que la ciencia es una empresa humana y subjetiva y que es crucial mantener la mente abierta y receptiva a nuevas ideas y correcciones.

La historia de la expansión del universo se enriquece con la aparición de Georges Lemaître, un sacerdote, cosmólogo y visionario que, en 1927, trazó nuevos caminos en la investigación del cosmos. Lemaître publicó un artículo titulado «Un universo homogéneo de masa constante y radio creciente», en el que presentaba evidencias sobre la velocidad radial de las nebulosas extragalácticas. Este trabajo expuso la teoría de la expansión del universo, confirmada en 1929 por Edwin Hubble, quien se valió de las avanzadas capacidades del telescopio del Observatorio de Monte Wilson. El artículo de Lemaître tuvo un impacto significativo y cautivó a Albert Einstein, quien, a pesar de reconocer la precisión de los cálculos de Lemaître, seguía siendo escéptico respecto a la idea de un universo en expansión y comentó que: «aunque los cálculos de Lemaître eran exactos, su "intuición física era abominable"».[3] Esta resistencia era reflejo de la postura general de la comunidad científica de la época, que en su mayoría rechazaba la hipótesis de la expansión del universo.

Incluso Sir Arthur Eddington, antiguo profesor de Lemaître y un respetado astrofísico, consideraba que la idea de un universo en expansión era tan absurda e increíble que se sentía casi indignado de que alguien pudiera creer en ella. Este sentimiento de incredulidad refleja los profundos desafíos conceptuales y los prejuicios científicos que a menudo acompañan a las revoluciones científicas, que requieren no solo evidencias empíricas, sino también un cambio en la perspectiva teórica para ser aceptadas plenamente.

Figura 6.4.

Es en 1931 cuando Albert Einstein visita el observatorio de monte Wilson, donde conversa con Edwin Hubble, y donde pudo observar directamente las pruebas de la expansión del universo gracias a las observaciones de Hubble, quien había descubierto y documentado el corrimiento al rojo en las galaxias, mostrando que se alejaban unas de otras, lo que indicaba que el universo estaba en expansión.

Este encuentro fue crucial para Einstein, ya que, al confrontar la evidencia empírica que respaldaba la expansión del universo, se dio cuenta de que su inicial rechazo a la idea de un universo dinámico y su introducción de la constante cosmológica (que había añadido a sus ecuaciones en el campo de la relatividad general para mantener el modelo de un universo estático) habían sido un error. De hecho, él mismo denominó la introducción de la constante cosmológica como «el mayor error de su vida». Esta admisión marcó un punto de inflexión importante en la cosmología, visto que, incluso científicos tan destacados como Einstein, podían revisar sus teorías a la luz de nuevas evidencias.

Este episodio ilustra la naturaleza cambiante de la ciencia, donde las teorías están siempre sujetas a revisión y mejora en respuesta a nuevas observaciones y descubrimientos.

El átomo primitivo

Los hallazgos de Georges Lemaître ciertamente no terminaron con su teoría de la expansión del universo. En 1931, Lemaître formuló una hipótesis aún más revolucionaria que desafiaría profundamente el entendimiento científico de la época: propuso la idea de que el universo había comenzado a partir de un «átomo primitivo». Esta idea, que más tarde sería conocida como la teoría del «big bang», sugería que todo el universo había surgido de un estado inicial extremadamente denso y caliente, que explotó y dio origen a todo el espacio y el tiempo. Según Lemaître, este átomo primitivo contenía toda la materia y toda la energía del universo (y hoy sabemos, que también información), y su aparición repentina habría creado el espacio y desencadenado una expansión que continúa hasta el día de hoy.

Lemaître expresó esta idea con estas palabras: «Podemos concebir que el espacio comenzó con el átomo primitivo y que el comienzo del espacio condujo al comienzo del tiempo». Esto sería el inicio de la expresión del Dao en nuestro cosmos.

La propuesta de Lemaître generó considerable controversia y escepticismo dentro de la comunidad científica. Para muchos, la idea de que todo el universo pudiera haberse originado a partir de un único punto parecía absurda y algunos llegaron incluso a tildar a Lemaître de «loco de remate». Sin embargo, su hipótesis era una extrapolación natural de las observaciones de la expansión del universo combinadas con la relatividad general de Einstein.

A pesar de la resistencia inicial, la visión de Lemaître sobre el origen del universo ganaría aceptación con el tiempo, sobre todo después de que observaciones como la radiación cósmica de fondo, descubierta en 1965, proporcionaran evidencia sólida de que el universo había tenido un inicio caliente y denso, como él había propuesto. Este hallazgo se convirtió en uno de los pilares de la cosmología moderna y solidificó la teoría del big bang como la explicación predominante sobre el origen del universo. Sin embargo, no hay un solo cosmos y un solo big bang, debería haber infinitos.

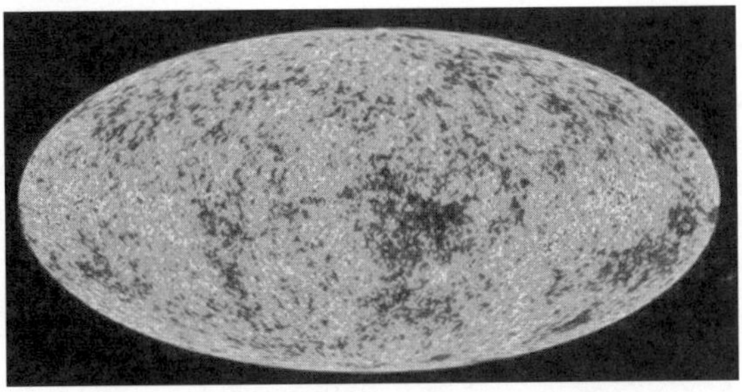

Figura 6.5. Radiación cósmica de fondo.

La historia de la terminología y la aceptación de la teoría del big bang es verdaderamente fascinante, sobre todo cuando se analizan las tensiones y controversias entre sus defensores y detractores. Sir Arthur Eddington, por ejemplo, expresó su rechazo a la idea de un universo con un principio definido, lo cual encontraba tedioso, desde un punto de vista filosófico, y «repugnante», desde la perspectiva de la noción de un comienzo abrupto del orden natural. Parte de su resistencia podría estar relacionada con el hecho de que Georges Lemaître, el proponente de la teoría del átomo primitivo y uno de los primeros en sugerir un universo en expansión a partir de un estado inicial altamente denso, era sacerdote. Esto pudo haber hecho que la teoría pareciera demasiado cercana a la narrativa bíblica de la creación *ex nihilo* o de la nada: «Y Dios creó el mundo…».

El término «big bang» fue acuñado de manera algo despectiva por Fred Hoyle durante un programa de radio de la BBC en 1949. Hoyle, un eminente astrónomo, presidente de la Royal Astronomical Society, era un crítico vocal de las teorías de expansión del universo propuestas por Friedmann y Lemaître. Favorecía un modelo de estado estacionario para el universo y utilizó el término «big bang» para ridiculizar la idea de un comienzo cósmico explosivo. Curiosamente, a pesar de su intención inicialmente despectiva, el término se arraigó y pasó a ser la etiqueta estándar para describir la teoría del origen del universo.

Los ataques y el escepticismo hacia la teoría del big bang desanimaron a muchos de sus defensores a principios de la década de 1950. Sin embargo, la evidencia a favor de esta teoría se fortaleció de manera espectacular en 1964, como hemos dicho anteriormente, con el descubrimiento accidental de la radiación cósmica de fondo por Arno Penzias y Robert Wilson, quienes trabajaban en los Laboratorios Bell. Curiosamente, ambos eran antiguos alumnos de Hoyle [me encantaría ver la cara de Hoyle cuando sus propios alumnos refutaron sus ideas]. Este descubrimiento proporcionó una fuerte evidencia empírica que apoyaba la teoría del big bang y contribuyó significativamente a su aceptación general en la comunidad científica.

Este giro en la historia subraya cómo las teorías científicas pueden ser obstaculizadas y ridiculizadas inicialmente, pero con suficiente evidencia y verificación, pueden llegar a ser aceptadas y transformarse en la explicación predominante para fenómenos naturales de gran escala.

Es cierto que la aceptación de la teoría del big bang no fue inmediata ni fácil, incluso después del descubrimiento de la radiación cósmica de fondo en 1964, que proporcionó una evidencia crucial en su favor. Las décadas de 1950 a 1980 fueron testigos de un debate continuo y a menudo acalorado sobre la validez de la teoría del big bang, con teorías alternativas, como el modelo del estado estacionario favorecido por Fred Hoyle y otros. Este debate no solo se centraba en las pruebas y predicciones científicas, sino que también tenía profundas implicaciones filosóficas y existenciales, ya que la idea de un universo con un principio definido tocaba cuestiones sobre el origen y el destino último del cosmos.

La oposición persistente puede atribuirse en parte a la carga que supone para algunas visiones del mundo aceptar que el universo tuvo un comienzo, lo cual puede encontrar eco o entrar en conflicto con narrativas teológicas o filosóficas específicas. Además, el cambio de paradigma de un universo estático a uno dinámico y en expansión desafió las concepciones establecidas de la cosmología. Sin embargo, para 1992, la situación comenzó a cambiar de manera significativa. El lanzamiento y los datos obtenidos por el satélite Exploración del Fondo Cósmico (COBE, por sus siglas en inglés) ese año, proporcionaron evidencia adicional y convincente que apoyaba la teoría del big bang. COBE detectó y mapeó las fluctuaciones mínimas en la temperatura de la radiación cósmica de fondo, lo cual era coherente con las predicciones teóricas sobre cómo deberían verse las huellas del universo temprano si el big bang hubiera ocurrido.

Estos hallazgos llevaron al desarrollo de lo que hoy conocemos como el modelo estándar del big bang, un marco que no solo explica el origen observable del universo a partir de un estado extremadamente caliente y denso, sino que también describe su evolución posterior a lo largo de miles de millones de años hasta la actualidad. El modelo estándar del big bang integra una variedad de observaciones astronómicas y físicas dentro de un marco coherente y es ampliamente aceptado en la comunidad científica como la explicación más completa y precisa del origen y la evolución del universo.

Si estudiamos el big bang comprenderemos el Dao

Vamos a estudiar en profundidad el big bang. En primer lugar, exploraremos por qué ocurrió el big bang. ¿Es posible que se hayan producido millones de big bangs? No de manera lineal, como plantea la teoría clásica del Big Crunch,[i] sino tal vez múltiples big bangs que ocurrieron y que ocurren en distintos puntos del universo. Este concepto es similar al planteado en la figura 6.1.

Según dicha propuesta, en cada vértice de este espacio tridimensional, se manifiesta una expansión de la información en forma de universo, obviamente, en el Dao permanece la información de todas las posibles expansiones que se experimentan en cada universo con la cual se retroalimentan, esta retroalimentación de información es fundamental para explicar el «ajuste fino» que se observa en la física. Y que sirve de apoyo a muchos en su idea de un dios creador, es decir, cómo se puede crear un universo tan matemáticamente perfecto si no es gracias a la existencia de Dios. El ajuste fino del universo viene a decir que no pudo ser por azar, esta tesis es sin duda una simplicidad metafísica, pues si la damos como correcta, la siguiente pregunta sería: ¿y quién creo a ese dios creador? O, mejor aún: ¿quién enseñó a ese dios creador a crear? En este sentido, creo que el mencionado «pie de página 5» nos dice que quizás la mejor explicación sea justo la que olvidan los defensores de la creación divina. Pero, entonces todo es azar, así que insisto, ni un dios creador ni puro azar, quizás debamos de explicar esto mucho mejor.

Nosotros no podemos tener acceso a toda la manifestación representada en la figura 6.6, pues nuestro límite es la radiación de fondo,

---

[i] La teoría del Big Crunch es un modelo cosmológico que propone un posible escenario para el futuro del universo, basado en la idea de que la expansión del universo finalmente se detendrá y luego se invertirá. Según esta teoría, después de que la expansión llegue a su punto máximo, la gravedad comenzará a dominar y atraerá toda la materia del universo de nuevo hacia sí misma, lo que llevaría a un colapso catastrófico. Este colapso podría resultar en que el universo se comprima hasta alcanzar un estado extremadamente denso y caliente, similar a aquel en el que se encontraba antes del big bang. Este proceso sería en esencia el reverso del big bang, de ahí el nombre de «big crunch».

no podemos tener percepción de las demás manifestaciones (con nuestra tecnología actual). Por este motivo nos vamos a centrar en nuestro big bang y con ello intentar arrojar luz sobre el Dao.

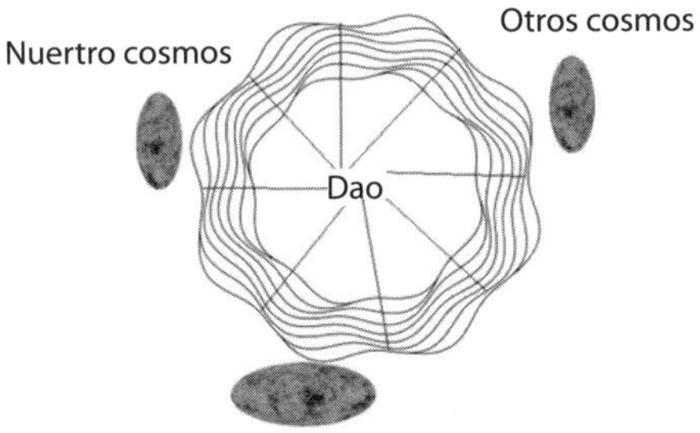

Figura 6.6.

Según el modelo estándar del big bang, antes de este no hay tiempo ni espacio y por supuesto no hay materia, esto es trascendente pues en el Dao no hay:

- Tiempo
- Espacio
- Materia

Postulado 10

«En el Dao no hay espacio, ni tiempo, ni materia».

Sin la menor duda, esto es determinante a la hora de entender y refutar el principio de ajuste fino del universo. Es por ello por lo que, antes de continuar, es necesario explicar que es el ajuste fino del universo.

Ajuste fino

La idea de ajuste fino del universo se refiere a la observación de que ciertas constantes fundamentales de la física y las condiciones iniciales del universo parecen estar ajustadas de un modo muy preciso para permitir la existencia de vida. Esta observación es central en debates filosóficos y científicos sobre el propósito y la naturaleza del universo.

1. **Constantes fundamentales**
   Las constantes fundamentales de la física, como la constante gravitacional, la carga del electrón, y la constante de Planck, entre otras, tienen valores muy específicos que, si fueran ligeramente diferentes, resultarían en un universo drásticamente distinto, en el que, por ejemplo, las estrellas, los planetas y la vida tal como la conocemos no podrían existir.

2. **Condiciones iniciales**
   Las condiciones en el momento del big bang también parecen ser extremadamente específicas. Variaciones menores en la densidad del universo temprano o en la tasa de expansión podrían haber impedido la formación de estructuras complejas o incluso haber llevado a un colapso prematuro del universo.

3. **Implicaciones filosóficas y científicas**
   El ajuste fino ha llevado a una variedad de interpretaciones y teorías:
   Diseño inteligente: Algunos argumentan que el ajuste fino es evidencia de la existencia de un creador o un diseño inteligente.
   Multiverso: Otros sugieren que nuestro universo es solo uno de muchos en un «multiverso», cada uno con diferentes leyes y constantes físicas. En un número suficiente de universos, algunos inevitablemente tendrán las condiciones adecuadas para la vida. Esto se conoce como la explicación del «principio antrópico débil».
   Principios antrópicos: Estos principios proponen que solo podemos observar este universo en particular porque es uno de los pocos (o el único) donde las condiciones permiten nuestra existencia.
   Teorías de la selección natural cósmica: Algunas teorías más especulativas sugieren que los universos pueden «evolucionar» de manera similar a los seres vivos, con universos más estables que dan lugar a «descendientes» (nuevos universos).

4. **Debate en la comunidad científica**
El ajuste fino es un tema de intenso debate. Algunos científicos ven el ajuste fino como un problema profundo que necesita más explicación, mientras que otros creen que es simplemente una consecuencia de las leyes de la física que al final entenderemos mejor sin necesidad de recurrir a explicaciones más extraordinarias. El estudio del ajuste fino involucra disciplinas que van desde la cosmología y la física de partículas hasta la filosofía de la ciencia, y cada una aporta diferentes perspectivas y métodos para abordar este fascinante aspecto del universo.

Como vemos el ajuste fino es un tema candente en ciencia, por eso me tomé estas líneas para explicarlo, sin embargo, en nuestra tesis vamos a dar con interesantes argumentos y propondremos una explicación basada en el Dao.

Volvamos a nuestro postulado 10, que espone que no hay materia, ni tiempo, ni espacio, ¿entonces qué hay? Pues solo queda una cosa, la información. Podemos decir que el Dao es un cúmulo de información que se deposita en el cosmos y el cosmos es la manifestación de esa información.

El big bang es la manifestación de esa información, una vez que la información se manifiesta, deja de ser onda para convertirse en partícula, es ahí donde aparece la materia y en consecuencia el espacio y el tiempo, o la ilusión de este. En este sentido, no hay un antes del big bang, pues no hay tiempo —el big bang lo crea—, ni tampoco hay un fuera (de), pues no hay espacio. La trinidad —materia (energía) espacio, tiempo— aparece a la vez y sus elementos están ligados como bien explicó Einstein en su teoría de la relatividad. Esto tiene una importancia capital para la teoría del Dao, pues si, como la ciencia demuestra, el tiempo, el espacio y la materia tuvieron un principio, queda claro que el universo proviene de una causa que no es ni temporal, ni espacial, ni material, o sea, no se rige por nuestra realidad, sino que es trascendente.

La era de Planck

El instante de Planck representa el límite de tiempo más pequeño que tiene relevancia física. Este período, que duró aproximadamente 10^{-43} segundos después del big bang, es conocido como la «era de Planck». Antes de este instante, las leyes de la física tal como las conocemos no se aplican debido a las condiciones extremas de densidad y temperatura. En la era de Planck, las fuerzas fundamentales del universo pueden haber estado unificadas, y el espacio-tiempo es tan curvo que los conceptos convencionales de medición y observación pierden su significado. Este límite marca una frontera en nuestro conocimiento actual, más allá del cual, las teorías actuales como la relatividad general y la mecánica cuántica no pueden proporcionar descripciones precisas sin una teoría de gravedad cuántica.

Imaginar un universo donde las cuatro fuerzas fundamentales (la gravedad, el electromagnetismo, la fuerza nuclear fuerte y la fuerza nuclear débil) estén unificadas, es un ejercicio fascinante que nos lleva a la frontera de la física teórica y la cosmología, justo en ese periodo desde el Dao hasta 10^{-43} segundos después. En la actualidad, el gran sueño de muchos físicos es encontrar una «teoría del todo». Si las cuatro fuerzas estuvieran unificadas como los físicos postulan en el tiempo anterior a la era de Planck (10^{-43} segundos). Las leyes de la física serían más simples, al menos en términos fundamentales. Actualmente, tenemos modelos separados para describir fenómenos cuánticos y gravitacionales y cada uno de estos modelos trabaja bien en su propio dominio, pero no se unen de manera coherente los unos con los otros. Una teoría unificada armonizaría estos modelos. Con este fin, podemos observar como en el momento inicial, ese momento «0» justo antes del *bin bang* en la era de Planck, en el Dao, las cuatro fuerzas aparecen unidas, esto refleja que en el Dao debe de estar la información de esta unificación, a la cual aún no tenemos acceso.

Postulado 11

«La información de las cuatro fuerzas debe estar unida en el Dao».

Si, según la era de Planck, las cuatro fuerzas estaban unidas, y sabemos que esto ocurre en el momento «0», desde el gran estadillo hasta el momento 10^{-43}, quiere decir que en el Dao todo está unido. Una teoría unificadora nos permitiría hacer predicciones extremadamente precisas sobre fenómenos a todas las escalas, desde las partículas subatómicas hasta la estructura del universo. Por lo tanto, en el Dao es posible hacer predicciones más exactas de la física, pues las leyes están en estado informativo no materializado (recuerde el postulado 10) y parece ser que todo está unido; por eso en la era de Planck aparecen las cuatro fuerzas unidas. Es decir, es una realidad donde el ajuste fino es más coherente. Si suponemos que, en el Dao hay información y que en él la información de las cuatro fuerzas —o más— está en una sola, entenderemos la complejidad del universo manifestado. Sin embargo, la física aún no ha podido desvelar las matemáticas de este estado del Dao; la física cuántica está sin duda arrojando pistas, muchas de ellas desconcertantes de hecho, porque, como sabemos, no se ajustan a la realidad newtoniana, pero eso es solo porque no vienen de esta realidad, vienen de una realidad donde las manifestaciones son intangibles.

¿Qué hubo antes del big bang? Esta pregunta se la hizo Roger Penrose, premiado con el Nobel de Física en 2020 y amigo de Stephen Hawking, quien exploró en su fascinante libro titulado *What Happened Before the* Big Bang? ['¿Qué pasó antes del big bang?'] algunas cuestiones fundamentales de la física. En su obra, Penrose argumenta que, al igual que podemos inferir la causa detrás de unas huellas en la arena, también podemos hacer inferencias científicas sobre fenómenos que parecen trascender nuestra realidad cotidiana. Por ejemplo, el experimento de Alain Aspect demostró el entrelazamiento cuántico entre dos partículas separadas catorce metros, que parecen «comunicarse» instantáneamente, sugiriendo la existencia de un nivel de realidad fuera de nuestro espacio-tiempo convencional. Este fenómeno es un indicativo de que hay aspectos de la realidad que no comprendemos completamente dentro de los marcos tradicionales.

Además, en el campo de la lógica y las matemáticas, los teoremas de incompletitud de Gödel establecen que existen verdades matemáticas que no pueden ser demostradas dentro del sistema en el que se plantean, sugiriendo la presencia de un «exterior» lógico y matemático. Este mismo tipo de razonamiento apofático —que señala la existencia de lo que no se puede demostrar directamente— se aplica a la cosmología, especialmente al estudio del big bang y lo que podría existir más allá del alcance de nuestra ciencia actual. Este enfoque abre nuevas dimensiones en nuestra comprensión del universo, donde la ciencia física y cosmológica continúa desafiando y expandiendo los límites de nuestro conocimiento. George Smoot[ii] en su libro *Arrugas en el tiempo*, se hace estas mismas preguntas ¿qué había antes del big bang? ¿Qué había antes del inicio del tiempo?

Recapitulemos.

En el Dao se manifiesta el momento del estallido. En el Dao no hay ni tiempo, ni espacio, ni materia, solo información y movimiento.

[ii] George Smoot, junto con Keay Davidson, escribió el libro *Wrinkles in Time* [Arrugas en el tiempo] en el que detalla sus experiencias y descubrimientos como parte del equipo del satélite COBE (*Cosmic Background Explorer*). El libro no solo es una narrativa personal y científica de Smoot sobre su trabajo en cosmología, sino que también presenta algunas conclusiones fascinantes sobre el universo.

Confirmación de la teoría del *big bang*: uno de los hallazgos más significativos presentados en el libro es la detección de fluctuaciones minúsculas en la radiación cósmica de fondo. Estas irregularidades o «arrugas» proporcionan una fuerte evidencia empírica que apoya la teoría del big bang, mostrando que el universo sí tuvo un origen explosivo y ha estado expandiéndose desde entonces.

Estructura del universo temprano: las «arrugas» en la radiación cósmica de fondo son interpretadas por Smoot como las semillas de toda la estructura actual del universo. Estas fluctuaciones de temperatura son indicativas de las variaciones de densidad en el universo primitivo, que, con el tiempo, llevaron a la formación de galaxias y otras estructuras cósmicas.

Composición del universo: a través de sus observaciones, Smoot y su equipo pudieron deducir información sobre la cantidad y la distribución de la materia oscura en el universo. Estas observaciones ayudan a los científicos a entender mejor cómo se formó el universo y cómo continuará evolucionando.

Implicaciones filosóficas: Smoot también reflexiona sobre las implicaciones filosóficas de sus descubrimientos. La confirmación de que el universo tiene un origen y una evolución específicos plantea preguntas sobre el lugar del ser humano en el universo y la naturaleza del cosmos.

Desafíos para la física futura: el libro también destaca los desafíos que los descubrimientos de COBE plantean para la física futura, incluida la necesidad de una teoría unificada que pueda incorporar tanto la mecánica cuántica como la relatividad general, sobre todo al tratar fenómenos del universo temprano y la gravedad cuántica.

Dao: estallido que va del momento «0» al 10^{-43} segundos, donde las cuatro fuerzas están manifestadas. Del momento 10^{-43} segundos hacia delante se forma el universo con la teoría de la inflación.

La teoría de la inflación en cosmología propone que justo después del big bang, el universo experimentó una expansión exponencial extremadamente rápida durante una fracción de segundo. Esta hipótesis fue introducida por Alan Guth en 1981 para resolver varios problemas del modelo del big bang estándar, como el problema del horizonte, que cuestiona cómo partes distantes del universo parecen haberse equilibrado en temperatura sin haber estado en contacto causal, y el problema de la planitud, que observa por qué el universo es tan cercanamente plano en vez de curvado. Durante la inflación, el espacio mismo se expandió a una tasa mucho más rápida que la velocidad de la luz, alisando cualquier irregularidad y homogeneizando la estructura del cosmos. Además, la inflación explica la existencia de las pequeñas fluctuaciones en la densidad del universo, que, con el tiempo, se convirtieron en las galaxias y otras estructuras cósmicas que observamos hoy.

¿Qué nos dice la filosofía oriental con respecto a estas ideas? Tcheou Touen-yi,[4] también conocido en la transliteración más moderna como Zhou Dunyi (1017-1073), fue un influyente filósofo chino durante la dinastía Song. Es mejor conocido por ser uno de los fundadores del neoconfucianismo, una revitalización y reinterpretación de las ideas confucianas a través del prisma del taoísmo y las respuestas a las ideas budistas que eran predominantes en ese tiempo. Zhou Dunyi es particularmente famoso por su obra *Taiji Tushuo* [*Diagrama del supremo polo último*], que presenta una cosmología y una ontología influidas tanto por el confucianismo como por el taoísmo. En esta obra describe el Taiji (supremo polo o supremo último), un principio originario y metafísico que precede y fundamenta la existencia y el desarrollo del yin y del yang, los dos principios opuestos pero complementarios, fundamentales en el pensamiento taoísta y que son la base de toda manifestación en el universo. Zhou Dunyi utiliza este marco para explicar la armonía natural del universo y cómo el comportamiento humano debe alinearse con estas fuerzas naturales. Fundamentalmente presenta dos enunciados, el primero de los cuales reza como sigue: «Sin culminación y culminación suprema», es decir, sin principio y al mismo tiempo primer principio o, bien, el principio del no-ser. Este primer punto puede ser muy criticado, pues se contradice a sí mismo en su enunciado. ¿Cómo una cosa puede ser y no ser? La contradicción manifiesta del DAO. Críticos de la medicina china argumentan que el concepto del DAO es la mayor falacia inventada por los humanos, poco más que una estupidez monumental. ¿Cómo una cosa o un concepto puede ser A y a la vez no-A? Esto es un sinsentido. La verdad es que este ataque ha sido muy utilizado por los críticos. Ahora bien, si T. Touen-yi y Lao-Tzé vivieran en nuestros días dirían al respecto:

«El Dao es un fenómeno que cumple el principio fundamental de la física de las partículas, aparecen y desaparecen, son y no son».

Aparte de las partículas virtuales. En este sentido la física sí que ha demostrado que una cosa puede ser y no ser al mismo tiempo.

Exactamente la física nos ha demostrado el principio fundamental del Dao y este se cumplen en lo manifestado, a saber, la dualidad onda-partícula, postula que todas las partículas presentan propiedades de onda y de partículas. De algún modo «son y no son», evidentemente este postulado se limita a las mediciones de la tecnología.

Desde la época de Einstein, los científicos han intentado observar directamente estos dos aspectos de la luz al mismo tiempo. Investigadores de la Escuela Politécnica Federal de Lausana (EPFL), en Suiza a cargo de Fabrizio Carbone,[5] han conseguido captar la primera instantánea de este comportamiento dual, es decir, una foto (recreación más bien) de la propia existencia de la ley del ser y no ser a nivel de la física y que, de algún modo, sirve de argumento en contra de contra las críticas que se hacen al Dao. Como hemos dicho, la mecánica cuántica plantea que la luz puede comportarse al mismo tiempo como una partícula y como una onda. Sin embargo, nunca ha habido un experimento capaz de capturar ambas naturalezas de la luz al mismo tiempo; lo más cerca que hemos llegado es a ver la luz como onda o como partícula, pero siempre en momentos diferentes. Tomando un enfoque experimental radicalmente diferente, los científicos de EPFL han sido capaces de tomar la primera instantánea de la luz en que se comporta tanto como onda y como partícula. El hito se publica en la prestigiosa revista *Nature Communications*[iii]. Este artículo es muy relevante para los teóricos del Dao pues nos da pruebas de su existencia.

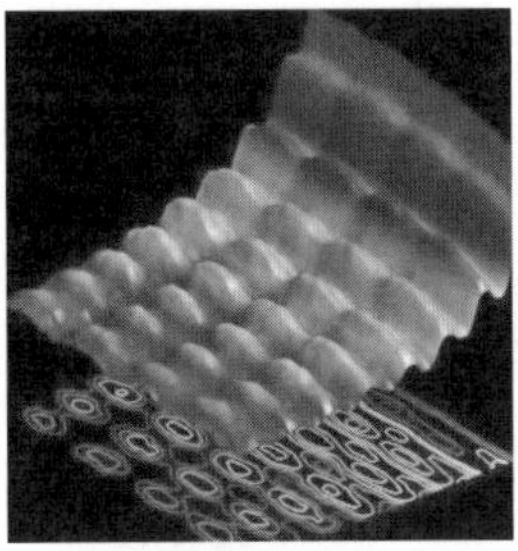

Figura 6.7.

Cuando la luz ultravioleta golpea una superficie de metal, causa una emisión de electrones. Albert Einstein explicó este efecto «fotoeléctrico» proponiendo que la luz —se cree que solo una onda— es también una corriente de partículas. A pesar de que por fin se han observado una gran variedad de experimentos con éxito, tanto los comportamientos de la luz como partículas o como ondas, nunca se habían podido observar al mismo tiempo.

De acuerdo con la física clásica existen diferencias entre onda y partícula. Una partícula ocupa un lugar en el espacio y tiene masa mientras que una onda se extiende en él y se caracteriza por tener una velocidad definida y masa nula.

Actualmente se considera que la dualidad onda-partícula es un «concepto de la mecánica cuántica según el cual no hay diferencias fundamentales entre partículas y ondas: las partículas pueden comportarse como ondas y viceversa».[6] Este es un hecho que ha sido comprobado experimentalmente en múltiples ocasiones (Stephen Hawking, 2001), pero nunca fotografiado como en la foto expuesta. Fue introducido por Louis-Victor de Broglie, físico francés de principios del siglo XX. En 1924, en su tesis doctoral propuso la existencia de ondas de materia, es decir, que toda materia tenía una onda asociada a ella

[iii] El artículo completo se puede leer en:
http://www.abc.es/ciencia/20150302/abci-primera-fotografia-como-particula-201503021734.html.

(todo yin está compuesto de yang y viceversa). Esta idea revolucionaria, fundada en la analogía con que la radiación tenía una partícula asociada, propiedad ya demostrada entonces, no despertó gran interés, pese a lo acertado de sus planteamientos, porque no había evidencias de que pudiera producirse. Sin embargo, Einstein reconoció su importancia y, cinco años después, en 1929, De Broglie recibió el Nobel en Física por su trabajo, que postulaba que la longitud de onda de la onda asociada a la materia era:

$$\lambda = \frac{h}{p} = \frac{h}{mv}$$

Donde h es la constante de Planck y p es el momento lineal de la partícula de materia.

Volviendo al *TcheouTouen-yi* y su primer enunciado: Sin culminación y culminación suprema, entendemos que, en el Dao lo que tenemos es la potencialidad creativa, la información como esencia, esa información debe de sostenerse en algún soporte, ese soporte es el cosmos y ahí viene el siguiente enunciado:

La culminación suprema se mueve y engendra al yang

En el universo observable vemos que todo se mueve, desde las partículas hasta los planetas, por tanto, en el Dao debe de existir un punto de calma, un reposo. Al término del reposo, el movimiento recomienza y la partícula aparece, se manifiesta en el cosmos, esa partícula primordial única se manifiesta como «forma», pues partícula y forma van unidas (yin yang). Cada movimiento y cada reposo son el origen del otro, en forma de pulsación primordial. «Por la separación del yin yang, aparecen los dos modos fundamentales de los seres». Es interesante señalar que en este segundo postulado del taoísmo se señala que los seres aparecen de este movimiento. El movimiento hace que todo surja (la pulsión). El Dao nos está diciendo que, de ese hervidero de movimiento cuántico se manifiestan esas partículas que aparecen y desaparecen, que son las que en ese ir y devenir, manifiestan las formas que existen en la naturaleza (ser y no ser). Decimos que, en el campo del punto cero, hay un hervidero de información que colapsa en ondas partículas que generan las formas (y los campos morfógenos) o, como dice el *I Ching*, los mil seres.

Hágase la luz, (*Antiguo Testamento*) y se creó la materia. La materia es pues luz atrapada (F.A.Wolf),[7] para que la materia sea estable, depende del intercambio dinámico de las partículas subatómicas con el campo del punto cero que lo sustenta (H.Puthoff).

> *La interacción del campo del punto cero (CPC) constituye un estado de vacío subyacente y estable, un «primer escalón» en el que la subsiguiente interacción del CPC, simplemente reproduce el estado existente basándose en un equilibrio dinámico.*
>
> —H. PUTHOFF[8]

Esto implica la base del todo, recordemos: «el Dao genera al uno, el uno al dos, el dos al tres, y así hasta las diez mil formas...». (*I Ching*). Es como un gran estado básico autoregenerador del universo.

Hemos dicho que el CPC a «temperatura 0» sigue vibrando y que esa vibración, en última instancia, son ondas que cuando se observan se compactan en partículas, toman masa gracias a los campos de Higgs. Uno de los aspectos más importantes de las ondas, es que son codificadoras y trasportadoras de información, cuando dos ondas están en fase y se superponen —lo que técnicamente se llama interferencia— su amplitud combinada es mayor que su amplitud inicial, se hacen más fuertes y esto hace que se genere información: «interferencia constructiva». Cuando una de ellas está en pico y la otra en valle tienden a cancelarse, se denomina «interferencia destructiva». Todo esto va haciendo que las ondas acumulen información siendo su memoria infinita (L. Mctaggart). Vemos como estas ondas son como esponjas, van acumulando y retroalimentando todo el universo.

El Dao se parece a la idea que tenía Heráclito del mundo: «El mundo no ha sido creado por uno de los dioses del hombre: siempre fue, es y será», (Georges Minois).

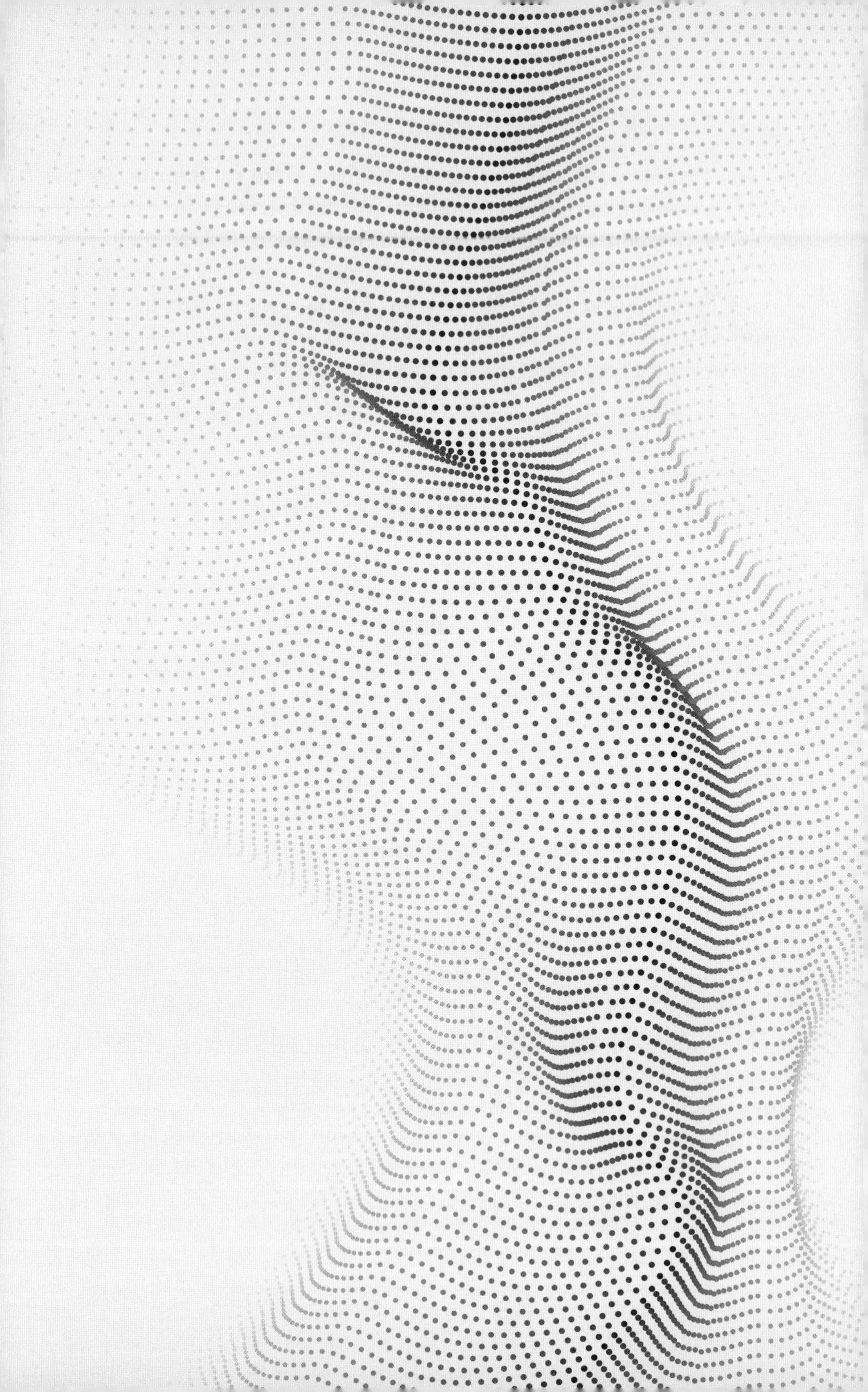

Capítulo 7

Dao es información y el cosmos es su memoria

En capítulos anteriores señalé que en el Dao se encuentra la información, la esencia del proceso creativo, es pues muy importante entender que es esa información y cómo es que existe. Podemos considerar el Dao como un vasto estado fundamental autorregenerador del universo. Es el fenómeno primario, la fuente de la creación, la fuerza creadora, nuestra propuesta sería un monismo filosófico.

Sería necesario dejar claro cuál es nuestro posicionamiento filosófico, el monismo filosófico es una corriente de pensamiento que sostiene que toda la realidad está compuesta por una única sustancia o principio fundamental, desde nuestra perspectiva ese principio fundamental es el Dao. Según este punto de vista, la diversidad y multiplicidad que observamos en el mundo se derivan de una única esencia o entidad subyacente.

Existen varias formas de monismo, dependiendo de cómo se defina esa «única sustancia» que compone la realidad:

- **Monismo materialista:** Sostiene que solo existe la materia y que todo, incluidas la mente y las experiencias, puede explicarse en términos materiales o físicos. En esta visión, la mente, por ejemplo, es una consecuencia de los procesos físicos del cerebro, podríamos decir que esta es la visión más radical de esta propuesta.

- **Monismo idealista:** Propone que solo existe la mente o el espíritu y que la realidad física es una manifestación de una conciencia o pensamiento único. Filosofías como las de Hegel o el Vedanta, en la tradición hindú, ejemplifican esta visión, donde lo físico se considera una extensión de lo mental o espiritual; este caso se opone al anterior.
- **Monismo neutral:** Sostiene que la realidad es una única «sustancia neutral» que no es ni puramente material ni puramente mental, sino que puede manifestarse de ambas maneras. Bertrand Russell y Baruch Spinoza defendieron variaciones de esta postura, sin duda, nosotros estamos más alineados con este monismo neutral, donde esa sustancia que llamamos Dao se manifiesta en el yin (materia) y en el yang (energía/movimiento). El Dao es la sustancia —información—, que se manifiesta en la materia y en su movimiento.

El monismo filosófico contrasta con el dualismo, que plantea que existen dos sustancias fundamentales (como lo mental y lo material, en el caso de Descartes), y con el pluralismo, que sostiene que la realidad está compuesta por múltiples sustancias independientes. El monismo, entonces, se enfoca en encontrar una unidad subyacente que explique la totalidad de la existencia y permita comprender cómo se interrelacionan todos los aspectos del mundo. Esto implica que nosotros, y toda la materia del universo, estamos literalmente conectados en un todo.

Entonces en el Dao se encuentra la información de todo lo que existe y existirá, es la matriz de donde todo viene y a donde todo va, podemos hacer una ecuación que represente esta idea.

Representemos al Dao con el signo del infinito ∞, todo está en él y todo regresa a él.

La primera manifestación es la fuerza creadora que crea un campo, el llamado campo del punto cero, esa fuerza energética es una onda denominada β, que colapsa como materia, que denominaremos γ. Entonces nuestra ecuación se manifiesta así:

$$\infty \rightarrow \beta \rightarrow \gamma$$

Pero esta ecuación es hasta ciento punto incorrecta, pues es unidireccional y en realidad debería ser bidireccional. El ∞ se manifiesta en las ondas β que generan los primeros átomos γ, y el primer átomo es el de hidrógeno. En este sentido el hidrógeno (H) es la primera manifestación del ∞. El hidrógeno es el primer elemento de la tabla periódica y también el primero que se formó en el universo. Esto se debe a su simplicidad: el átomo de hidrógeno está compuesto por un solo protón en su núcleo y, generalmente, solo un electrón orbita a su alrededor, lo que lo convierte en el elemento más ligero y básico, que surgió poco después del big bang, hace aproximadamente 13 800 millones de años, cuando el universo se enfrió lo suficiente para que los protones y neutrones se combinaran y formaran los primeros núcleos atómicos. Para la creación de elementos más pesados, como el carbono, el oxígeno y el hierro, se requería un ambiente más denso y energético: el interior de las estrellas. A través de reacciones de fusión nuclear en las estrellas, los átomos de hidrógeno se fusionaron para formar helio primero, y luego, en etapas más avanzadas, se produjeron más elementos, hasta llegar al hierro. Sin embargo, crear átomos más pesados que el hierro consume energía, en vez de liberarla, por lo que estos elementos no se forman en grandes cantidades en las estrellas normales.

Entonces, ¿cómo llegamos al uranio (U), el elemento natural más pesado? Los elementos más pesados que el hierro, incluido al uranio, se forman principalmente en eventos cósmicos de alta energía, como explosiones de supernovas y colisiones de estrellas de neutrones. En estos eventos, la energía es tan alta que permite la formación de elementos pesados mediante la captura rápida de neutrones. Este proceso, conocido como proceso «r», permite que los núcleos atómicos capten rápidamente neutrones y luego se desintegren en átomos estables, dando lugar a elementos pesados como el uranio.

El uranio es, hasta donde se sabe, el último elemento «natural» en la tabla periódica. Aunque existen elementos más pesados que el uranio, son generalmente elementos transuránicos, que no se encuentran en la naturaleza porque son altamente inestables y se desintegran con rapidez. Estos elementos más pesados han sido creados en laboratorios mediante reacciones nucleares y tienen una vida muy corta debido a su inestabilidad.

En resumen, el hidrógeno es el primer elemento —porque es el más simple y ligero— formado en el big bang, mientras que el uranio es el último elemento natural pesado, creado en procesos energéticos cósmicos extremos, lo que explica por qué abarca el rango final de los elementos naturales en la tabla periódica. Y es aquí donde tenemos el siguiente punto de reflexión.

Del ∞, a través de la energía β del campo del punto cero surge la primera materia γ, esta materia va desde el hidrógeno hasta el uranio, y el uranio junto a los elementos más pesados son los que desprenden radioactividad, es decir liberan β que regresa al ∞. Esto nos enseña que la ecuación del universo es como la que se muestra en la figura 7.1.

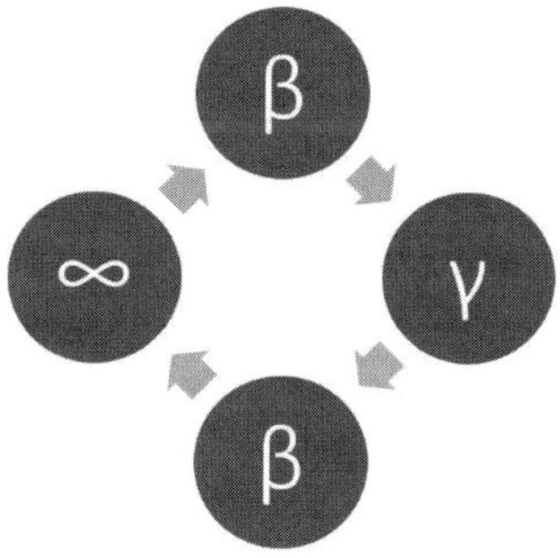

Figura 7.1. Ecuación del universo.

Como vemos en la ecuación, está la información que sale del ∞ y al mismo tiempo la que entra en él, esto es un continuo fluir de información que retroalimenta la propia fuerza creadora. Actúa como una especie de sombra del universo a través del tiempo, una imagen en el espejo y un registro de todo lo que ha sido y será. En cierto sentido, el ∞ representa tanto el principio como el fin de todas las cosas, encapsulando la esencia y la historia del cosmos en un continuo intercambio de energía e información. Información codificada en campos mórficos.

En física de partículas se habla del «hervidero de campos» se refiere a la idea de que el vacío (∞) no está vacío en absoluto, sino que está lleno de campos fluctuantes que constantemente producen pares de partículas y antipartículas, conocidas como partículas virtuales. Estas partículas existen por un tiempo muy breve y generalmente se aniquilan entre sí, pero durante su breve existencia, pueden influir en los fenómenos físicos. En este caso, en partículas que son más estables por haberse organizado en campos morfogénicos, como puede ser el hidrógeno que a lo largo de sus progresos evolutivos llega hasta el uranio. Las ondas emitidas por estas partículas virtuales pueden considerarse portadoras de información y son las generadoras de esa fuerza creadora (postulado 8).

En física, una onda puede codificar información sobre su fuente y las interacciones que ha experimentado, en este caso las ondas β están interactuando con el ∞. Esta información se puede analizar para entender mejor las propiedades del campo y las partículas que lo generaron. Para que la información sea útil y pueda ser recuperada y utilizada, debe almacenarse de alguna manera, en este caso hablamos de la materia γ. La materia de algún modo es la memoria de la información $\infty \rightarrow \beta \rightarrow \gamma$. En este contexto, la «memoria» no se refiere solo a la memoria de los dispositivos electrónicos o el cerebro, sino a cualquier sistema que pueda registrar y mantener información, este formato de almacenamiento se denomina memoria y esa memoria es la materia. El cosmos es el depósito de la memoria, del mismo modo que el cerebro es el depósito de la memoria de los humanos, por tanto, es muy importante notar que el universo repite siempre sus ciclos de creación, a nivel de partículas y a nivel de cerebro, todo es un reflejo de las mismas leyes.

La afirmación de que para tener memoria necesitamos «algo» donde depositarla y codificarla se refiere a la necesidad de un medio físico para almacenar información. Este medio es la materia, que abarca todas las formas existentes en el universo, tanto orgánicas como inorgánicas. La materia puede absorber, almacenar y transmitir información a través de estructuras físicas y reacciones químicas. La idea final es que la vida emerge de estas formas materiales gracias al movimiento, que puede ser entendido en términos de energía y procesos dinámicos que permiten que la materia se organice y reorganice de maneras que, al final, conducen a la emergencia de la vida, en su eterno devenir $\infty \rightarrow \beta \rightarrow \gamma \rightarrow \beta \rightarrow \infty$.

Sería importante señalar que ese eterno devenir no es circular, si esto fuera así no podría darse la evolución, es una eterno devenir en espiral ascendente, al ascender de forma espiral se produce un crecimiento continuo.

¿Cómo se manifiesta la materia Y?

Su lenguaje es el hilemorfismo. El hilemorfismo es una doctrina filosófica desarrollada por Aristóteles, que busca explicar la estructura fundamental y la naturaleza de la realidad. La palabra proviene del griego «hylē», que significa materia, y «morphē», que significa forma. Según esta teoría, todos los objetos y seres del universo están compuestos de materia, pero esta solo se percibe a través de su forma, que son principios inseparables y coexistentes y constituyen la esencia de todo lo que existe. Si admitimos que la materia está constituida por átomos, es obvio que estos son invisibles a nuestros ojos, porque nosotros no vemos la materia esencial, lo que percibimos es su forma.

La materia representa la potencialidad, es decir, la capacidad de adquirir diversas formas o de manifestarse en diversas maneras. La materia por sí sola no tiene propiedades específicas hasta que es definida por una forma: «La materia es la cualidad yin de la naturaleza». La forma es la actualidad, lo que da y dota a la materia de su identidad y sus características particulares. Es el principio organizativo que determina la estructura y función de la materia: «La forma es el yang». La forma es la «información» lo que nosotros llamamos campos morfogenéticos. En el Dao tenemos la información del cosmos, esta información se proyecta a través de las formas que hacen de moldes para que la materia se organice, esas formas son los campos morfogénicos, un campo que dota a la materia de su forma, y las formas adquiridas a través de la evaluación perduran o no en el cosmos, las que perduren se refuerzan y retroalimentan al Dao, así es como evoluciona el sistema orgánico del cosmos.

Postulado 12

«El Dao es información y la información es la forma, en el Dao están las formas del universo, que se reflejan en la materia que toma sus formas».

Por ejemplo, en el caso de una estatua, la materia sería el mármol y la forma sería la figura que imprime escultor, que le da al mármol la apariencia de una estatua. El escultor sería ∞, la forma sería β y la estatua, γ. La forma es lo que determina que un conjunto particular de materia sea una estatua y no simplemente un bloque de mármol. En el Dao están las causas últimas.

Aristóteles usó el hilemorfismo para explicar no solo objetos físicos, sino también seres vivos, argumentando que los organismos están compuestos de materia (el cuerpo físico) y forma (el alma). Debemos distinguir dos cosas que se manifiestan en el cosmos: las cantidades y cualidades. Las cantidades se estudian muy bien con la física y las matemáticas y pertenecen a la materia, mientras que las cualidades indican la esencia y por lo tanto pertenecen a la forma. Las cantidades son yin y las cualidades son yang.

La materia es ese algo donde se depositan las formas.

El estudio de las formas, a mi entender, es el estudio de la «información», una de las interacciones más importantes que existen en el universo. La física cuántica estudia el mundo de la energía β y, en la actualidad, se añade un nuevo factor, la «información», mientras que la física newtoniana maneja a la perfección el mundo de la materia γ.

En la física actual, además de los conceptos fundamentales de materia y energía, el concepto de información ha emergido como un aspecto crucial para comprender la naturaleza del universo. La información puede entenderse como la «forma» que adquiere la materia, que la moldea y determina su organización y comportamiento. En la mecánica cuántica, por ejemplo, la información describe el estado de los sistemas a nivel subatómico, y su conservación es clave en fenómenos como el entrelazamiento y la decoherencia. Esta «forma» no solo afecta la estructura de los sistemas, sino que también determina sus interacciones y evolución. Asimismo, en la teoría de la relatividad y en el estudio de los agujeros negros, la conservación de la información plantea interrogantes profundos sobre el espacio, el tiempo y la estructura del universo. Así, al integrar la información como un elemento fundamental, la física contemporánea busca ampliar nuestra comprensión de las interacciones fundamentales, revelando cómo la información y la materia se entrelazan para dar lugar a la realidad misma.

La teoría del yin yang es la base de la metafísica del hilemorfismo, el mundo está repleto de polaridades yin yang. La ley del yin yang es una ley universal de la complementariedad, no diferente del «principio de complementariedad general» concebido por Niel Borh en sus últimos años de vida, de hecho, este gran científico tomó el yin yang como emblema heráldico. La teoría del yin yang, concepto central en la filosofía china, ofrece una profunda comprensión de la naturaleza dual y complementaria del universo. Esta teoría se puede ver como la base de la metafísica del hilemorfismo, la doctrina aristotélica que explica la realidad a través de la dualidad de materia (potencialidad) y forma (actualidad). En este marco, el yin yang representa la interacción constante y la interdependencia de opuestos complementarios, similar a cómo la forma da estructura y carácter a la materia indiferenciada.

En el mundo observamos una multitud de polaridades que reflejan este dinamismo yin yang: luz y oscuridad, calor y frío, movimiento y quietud, entre otros. Cada uno de estos pares de opuestos no solo coexiste, sino que se transforman continuamente uno en el otro, mientras mantienen un equilibrio dinámico que resulta fundamental para la existencia y el desarrollo de todos los fenómenos. El físico cuántico Niel Bohr introdujo el principio de complementariedad en la física, que sostiene que objetos como la luz pueden exhibir características contradictorias, por ejemplo, propiedades de partícula y de onda, dependiendo del contexto experimental. Este principio no solo revolucionó nuestra comprensión de la mecánica cuántica, sino que también coincide con la ley universal de yin yang de la filosofía china, donde dos opuestos no solo coexisten, sino que se necesitan y complementan mutuamente para crear un todo funcional y armónico.

La similitud entre el hilemorfismo y el yin yang, junto con el principio de complementariedad de Bohr, subraya una verdad más amplia sobre el mundo: la realidad es inherentemente compleja y a menudo solo puede ser completamente comprendida a través de la integración de perspectivas que pueden parecer, en primera instancia, mutuamente excluyentes. La aceptación de la complementariedad, tanto en la filosofía como en la ciencia moderna, nos permite ver más allá de las limitaciones de una visión unilateral y abrazar una visión más holística y dinámica del universo.

Recordemos ahora el postulado 8, que señalaba que del cielo procede la fuerza creativa, la cual no es determinada (figura 4.4), sino indeterminada, en este sentido la línea que desciende es el acto creativo (fuerza creativa). La línea que está en la tierra es receptiva, y es donde se materializa la información que desciende, por lo que nos da la impresión de que es determinada.

Postulado 13

«El Dao viene de arriba-abajo y es flexible-indeterminado, el cosmos es determinado y está abajo, por eso coexisten la cierta indeterminación y la determinación».

Las formas en la materia

¿Alguna vez se ha cuestionado el origen de las formas? ¿Por qué la aparente nada se ha condensado para dar vida a tan diversas estructuras y a una multitud de manifestaciones materiales? En este contexto, entendemos «forma» en su sentido más esencial y probablemente primigenio, a aquella que alude a la configuración espacial de los objetos. La forma, entonces, no es simplemente un contorno o un límite; es una expresión concreta de la materia que transforma lo inmaterial en una presencia tangible, un puente entre lo abstracto y lo concreto.

Si la esencia de la materia es siempre la misma: las partículas. ¿Por qué hay tantas formas en la naturaleza?, ¿qué fenómeno determina la forma? ¿qué es una forma?, las formas no son materia ni tampoco energía. Las formas de las cosas son información, son campos de influencia de interacción. La forma imprime la función, primero nace la forma por probabilidades y luego la adaptación la mantiene o la elimina, esto describe muy bien el modelo darwinista.

La materia que conocemos, los árboles, las montañas, yo, usted, etc., tienen o tenemos estas formas gracias a patrones de forma, acumulados en el tiempo, que tienden a repetirse y autoorganizarse, (estos patrones se han memorizado en el material genético de los organismos vivos y, en los no vivos, en campos mórficos y así van surgiendo más y más formas, por mecanismos de evolución, el cosmos entero es un sistema evolutivo que acumula información y esta se expresa en formas que se imprimen en la materia. ¿Pero cómo sucede todo esto? Volvamos a Aristóteles, en este caso hablaremos de su famoso agente o principio creativo, el famoso artista, ese ente que le da forma a la materia, algunos lo llaman Dios, otros sustancia primaria, nosotros nos alineamos con el monismo neutral, es decir, el paradigma yin yang en su totalidad o el hilemorfismo. En el Dao ∞, la esencia se manifiesta en la dualidad, la cual a su vez lo hace primero en energía β, que se imprime en la materia γ, a través de la información de las formas que nacen del Dao. En este sentido, el Dao es el artista que da forma a la materia. La idea de que existen patrones repetitivos y estructuras similares en diferentes escalas del universo, como la semejanza entre un átomo y una galaxia, se conoce como «principio de correspondencia» o «patrones de autosimilitud», muy bien estudiados por la filosofía oriental. También se explora en el ámbito de la «geometría fractal» y la «autosimilitud». En el contexto científico, este fenómeno puede describirse como «isomorfismo estructural», donde estructuras similares se presentan a diferentes escalas o niveles de organización. Esta noción también tiene raíces filosóficas y metafísicas, como en el principio hermético de «como es arriba, es abajo» el cual sugiere que hay una correspondencia entre lo micro y lo macro, el principio hermético encaja muy bien en lo de arriba —el Dao— y se manifiesta en lo de abajo —la tierra—. En física y cosmología, se estudian teorías de patrones universales y se buscan leyes subyacentes que expliquen por qué estructuras similares emergen a través de distintas escalas en la naturaleza. Según todo esto, el DAO no es una cosa en sí misma, es el agente o principio activo.

Postulado 14

«El Dao es el agente activo».

Wolfgang Smith[1] en su libro *El enigma cuántico* hace una lectura aristotélica con el objetivo de recuperar el paradigma de hilemorfismo, la causa formal y final que conecta con la idea del Dao sobre el yin yang. La idea de Wolfgang Smith la podemos resumir del siguiente modo: «Existe una secuencia de casualidades, que podríamos describir como "horizontal", que se despliegan a lo largo del tiempo, y otra "vertical", perteneciente al aquí y ahora, inmersa en la eternidad de cada instante. Esta última encuentra una de sus expresiones más notables en el enigma de la medición en teoría cuántica. Al medir, colapsamos el vector de estado o la función de onda, que es una representación abstracta de todas las posibilidades superpuestas. Este colapso, que confiere un significado físico concreto a la función, es provocado por la percepción de un observador consciente y, de este modo, refleja un principio fundamental según el cual el mundo es constantemente sostenido y recreado en cada momento. Es un eterno fluir, el Dao es movimiento y cambio, nada es estable, todo cambia, todo fluye».

Este concepto, que podría sonar descabellado a primera vista, se sostiene con una lógica irrefutable. Es este el enfoque con el que Wolfgang Smith aborda el problema de la medición en la física cuántica moderna, armonizando perspectivas tan diversas como las de Aristóteles, Prabhakara[i] y Berkeley. Según esta visión, la percepción no es solo un reflejo pasivo, sino la luz iluminadora del mundo, dotada de una luminosidad inherente. Todo lo demás, tanto objetos como sujetos, participa de esta luz en forma de reflejo.

Fuerza creativa del Dao (agente activo) línea vertical

En el taoísmo, el agente activo es, sin lugar a dudas, la línea que desciende y se identifica con la fuerza creativa (figura 7.2).

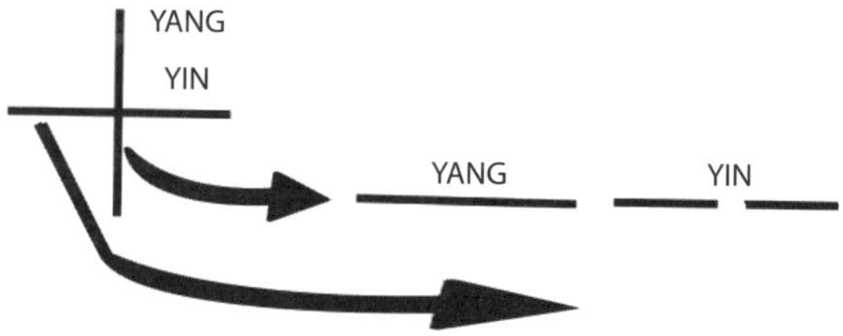

Figura 7.2.

Se sabe, cómo ya hemos expuesto, que el campo del punto cero (CPC) es una especie de sombra del universo, una imagen en el espejo y un registro de todo lo que ha sido y de algún modo será, el hervidero de la información. Podemos decir que el vacío es el principio y fin de todo y cada cosa que existe en el universo. Podemos percibir esa sombra del universo (ese CPC) cuando lo unimos a la teoría de los campos morfogenéticos. Pero antes describamos mejor esta fuerza creativa o agente activo.

[i] Prabhakara fue un filósofo indio y un destacado exponente de la escuela Prabhakara de la filosofía Mimamsa. La Mimamsa es una de las seis escuelas ortodoxas (*darshanas*) del hinduismo, enfocada principalmente en la interpretación y las implicaciones filosóficas de los *Vedas*, particularmente en lo que respecta a los rituales y la conducta ética.

La ciencia moderna es incapaz de admitir en su seno de conocimiento esta fuerza descendente vertical que se explica en casi todas las tradiciones metafísicas, incluso, como sabemos, es incapaz de explicar el fenómeno del colapso del vector.[ii]

El colapso del vector de estado en mecánica cuántica no solo plantea preguntas sobre cómo se comportan las partículas a nivel subatómico, sino que también tiene profundas implicaciones metafísicas, es decir, cuestiones relativas a la naturaleza de la realidad, la causalidad y el papel del observador. En este sentido ese colapso de vector es producido por los campos morfogenéticos, que explicaré en el siguiente punto. Tradicionalmente, la realidad se ha considerado algo objetivo, que existe independientemente de nuestra observación o conocimiento de ella. Sin embargo, el fenómeno del colapso del vector de estado sugiere que la observación puede ser un factor determinante en la definición del estado de un sistema cuántico. Esto lleva a la pregunta: ¿Existe una realidad definida cuando no se está observando

[ii] El fenómeno del colapso del vector de estado es un concepto clave en la mecánica cuántica que puede parecer bastante abstracto, pero intentaré explicarlo de manera simple y accesible. Imaginemos que hemos lanzado una moneda al aire. Mientras gira en el aire, no podemos decir si es cara o cruz; está en una especie de estado de «ambos» al mismo tiempo. En términos cuánticos, decimos que la moneda está en una superposición de ambos estados. Este es el equivalente a un vector de estado en mecánica cuántica, que describe todas las posibles condiciones o estados en los que puede encontrarse una partícula. En el caso de la moneda, este estado de superposición se mantiene mientras no miremos. Sin embargo, en el momento en que la moneda cae y la miramos, sabemos si es cara o cruz. En el instante de la observación, la moneda «elige» uno de los dos estados posibles. En la mecánica cuántica, este acto de medir u observar es lo que provoca el «colapso del vector de estado».
El colapso del vector de estado ocurre cuando un sistema cuántico que está en una superposición de varios estados posibles (como nuestra moneda girando en el aire) se reduce a un único estado debido a una medición o interacción. Antes de la medición, el sistema puede describirse como una combinación de múltiples posibilidades; después de la medición, el sistema se encuentra definitivamente en uno de esos posibles estados.
Este fenómeno es fundamental porque muestra una de las peculiaridades más intrigantes de la mecánica cuántica: la manera en que la observación de un fenómeno puede influir directamente en su resultado. Esta idea fue una de las más desconcertantes y debatidas en los primeros días de la teoría cuántica, llevando a famosas discusiones y experimentos que intentaban entender cómo y por qué sucede esto.
En resumen, el colapso del vector de estado nos dice que el acto de medir un sistema cuántico es, en sí mismo, un evento que afecta fundamentalmente la naturaleza de ese sistema. Esto diferencia profundamente el mundo cuántico del mundo clásico de la física que experimentamos en la vida cotidiana.

o la realidad se materializa solo en el acto de medición? ¿A qué nos referimos cuando decimos «observación»? ¿A la humana? Obviamente no, es el cosmos en su totalidad el que ejerce este colapso de vector a través de los campos morfogénicos que se materializan en el colapso y los mantiene en esta realidad, saliendo o emergiendo del Dao.

En la mecánica clásica, el observador es un mero espectador que no afecta el sistema que está observando. Y eso es lo que los seres humanos estamos habituados y condicionados a percibir. En contraste, en la mecánica cuántica, el observador parece jugar un papel crucial, no solo en la observación de la realidad sino en su creación. Esto ha llevado a algunos filósofos y físicos a argumentar que la conciencia misma podría ser un factor fundamental en la formulación de la realidad física. Hablamos de una conciencia no cerebral sino sistémica, una conciencia que se sustenta en la manifestación emergente de sistemas «autopoyéticos», una especie de panpsiquismo. El colapso de vector no es más que la materialización de la información del Dao en la plasmación de la materia y los campos morfogénicos son la causa eficiente que manifiesta las formas, a través de la evolución darwiniana en la línea horizontal de la cruz. La física clásica se basa en leyes de causalidad y determinismo, donde las condiciones iniciales de un sistema determinan completamente sus estados futuros, esto es verdad en la línea horizontal de la cruz, pero no en la vertical. Sin embargo, el colapso cuántico introduce un elemento de indeterminación, ya que no se puede predecir con certeza cuál estado será el elegido cuando se realice una medición. Esto desafía las nociones tradicionales de causalidad y plantea preguntas sobre si vivimos en un universo fundamentalmente probabilístico en vez de determinista, o un universo que se va creando al son de la música en formato *jazz*.

El universo es música y su estilo es el jazz

El *jazz* es un género musical conocido por su capacidad de fusión, ya que ha incorporado elementos de varios géneros musicales a lo largo de su desarrollo, como el propio universo que introduce y fusiona su propia información emergente.

Uno de los aspectos fundamentales del *jazz* es la improvisación. Los músicos de *jazz* a menudo improvisan solos, creando música espontáneamente en el momento, en el aquí y ahora, que es la característica fundamental del Dao, la emergencia de la realidad en un proceso indeterminado que toma forma aquí y ahora. Esto requiere un alto nivel de habilidad y comunicación entre los músicos y, en este caso, la danza cósmica de Shiva en su creación. La improvisación permite que cada interpretación sea única y refleje la personalidad y el estado emocional del músico. En este sentido, el universo es una creación emergente que resuena según la danza de su propia creación con un objetivo indeterminado: indeterminismo. Esto, sin duda, es difícil de entender por la mente humana, ávida de comprender las causas últimas, cuando en realidad las causas últimas no son más importantes que las causas iniciales, pues en realidad, son una ilusión, un círculo que bien explica el Dao.

Esto da al *jazz* un sentimiento de balanceo difícil de describir, pero fácil de reconocer. Es un movimiento de vaivén, es la esencia de la pulsación de la propia vida, además, el *jazz* puede incorporar una variedad de patrones rítmicos complejos y a menudo usa la sincopación, donde los acentos rítmicos no caen en los latidos esperados, esto dota al universo de impredecibilidad y exaspera a los científicos deterministas, mientras que, por otro lado, se entiende bien en el taoísmo que es, sin duda, indeterminista.

El *jazz*, como el universo, es notable por la interacción entre los músicos y las partículas. El diálogo musical entre los miembros de la banda es crucial y cada músico puede responder o complementar las frases de los otros, sin duda esta es la savia del universo, la capacidad de los campos mórficos para interactuar. Esta interacción puede tomar la forma de llamada y respuesta, una práctica en la que un músico emite una frase musical y otro responde de manera complementaria, en una danza de complementación yin yang.

El *jazz* típicamente utiliza una estructura armónica más compleja que muchos otros géneros musicales. Emplea acordes extendidos y alterados con frecuencia, lo que proporciona una rica paleta de sonidos para que los músicos exploren durante la improvisación. Esta paleta de sonidos en el cosmos no es más que la variedad de las materializaciones.

La aparente necesidad de un observador en el colapso del vector de estado ha llevado a especulaciones sobre una posible relación más profunda entre la mente y la materia. Algunos teóricos han sugerido que, si la mente puede afectar la realidad a nivel cuántico, entonces podría ser que las propiedades mentales y físicas estén más entrelazadas de lo que se pensaba anteriormente, lo que podría tener implicaciones para entender fenómenos como la percepción y la consciencia. El colapso del vector de estado también alimenta el llamado «problema de la medición». En cuántica, este problema se refiere a la dificultad de explicar cómo y por qué una superposición de muchos posibles estados al «colapsar» llega a un estado definido cuando se realiza una medición, lo que ha llevado a diversas interpretaciones de la mecánica cuántica, cada una con diferentes implicaciones filosóficas sobre cómo deberíamos entender el mundo.

Dao y tiempo

De acuerdo con antiguas creencias, el tiempo surgió junto con los cuerpos celestiales, cuyas revoluciones marcan su flujo. La conexión entre el tiempo y este reloj celestial que asigna duraciones es tan estrecha que ambos conceptos son inseparables. Desde esta perspectiva, el tiempo y la creación de la materia emergen simultáneamente. Sin embargo, es crucial entender que, en la hipótesis del campo del punto cero, donde no existe materia, tampoco puede existir el tiempo. El tiempo se manifiesta en el momento en que la materia aparece, a través de la forma de los campos mórficos. Es importante también reconocer, aunque sea complejo, que el inicio no se define por un aquí y ahora concreto, sino que es un proceso continuo. La creación no ocurrió en un punto específico en el tiempo, más bien, está en constante flujo de crecimiento y decrecimiento, en una danza cósmica. Por lo tanto, es una falacia pensar que el universo comenzó en un momento preciso, porque un momento dado es una quimera en ausencia de tiempo, lo que existe es una emergencia continua. Nuestra mente esta de algún modo condicionada para pensar y percibir en términos concretos de espacio-tiempo, sin embargo, esto no sucede en el Dao, por eso es tan difícil de percibir, a no ser que alteremos nuestra capacidad perceptora con enteógenos.[iii] [2]

Volvamos a nuestra cuz, como sabemos tenemos una fuerza creativa, vertical, esta forma un punto que se expande en el círculo, el círculo es la línea horizontal, imagine la rueda de una bicicleta con sus radios.

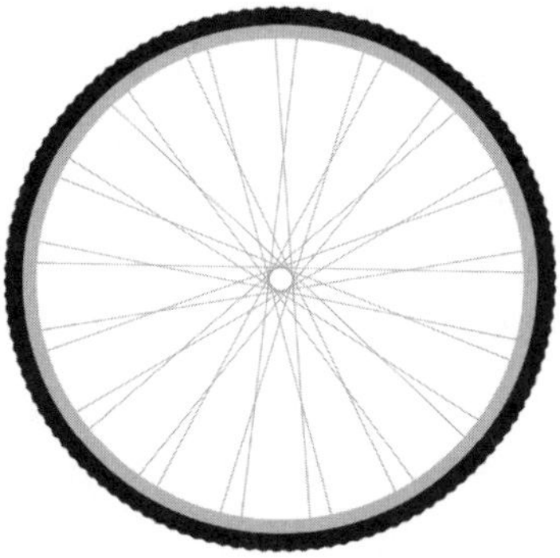

Figura 7.3.

La fuerza creativa nace desde el centro y forma el horizonte de posibilidades, los radios representan, la dirección vertical de la cruz, que se forma al colapsar el espacio temporal, que es el círculo de la rueda, todo lo que está en el círculo existe en virtud de los radios, como dijo el sabio sufí persa Shabistari: «La línea precede al círculo, no temporalmente, claro está, sino ontológicamente». Las cosas existen por sí mismas, o debido a otras cosas, que las mantienen en forma y materia. Cuando se manifiesta el círculo, las cosas, las sustancias se mantienen en el cosmos, no podría ser de otra manera, pero en este punto surge una pregunta: ¿qué las mantiene? ¿qué fuerza o campo las mantiene? Sin duda, los campos morfogénicos, que son la información que sostiene a la materia en el cosmos.

[iii] Estas sustancias son conocidas por su capacidad de alterar significativamente la percepción, el pensamiento y las emociones, a menudo llevando a los usuarios a explorar profundidades psicológicas y espirituales o a conectar de manera más intensa con el mundo natural y su entorno.

Información

Materia y energía solo son una forma de información y la información es la esencia del Dao. Entonces, vamos a darle una vuelta de tuerca a nuestra ecuación primaria: $\infty \rightarrow \beta \rightarrow \gamma$, donde el Dao se manifestaba en energía y esta, en materia, añadimos a esta ecuación todos los ingredientes que le faltan para tener la ecuación perfecta.

$$\infty \rightarrow \alpha \text{ (información)} + \beta + \gamma = \text{Nuestro cosmos}$$

Pero este proceso no es lineal, vuelve en forma de espiral de nuevo al ∞ que sigue emergiendo en una espiral con más información gracias a una fuerza pulsatoria de evolución. Y sería una fuerza de evolución a la que podemos atribuir el símbolo δ o mecanismo de evolución de «aprendizaje», la fuerza que mueve el universo, de la cual mana el Dao y a la cual regresa.

Entonces la ecuación final sería:

$$\infty \rightarrow (\alpha+\delta)+(\beta+\delta)+(\gamma+\delta) \rightarrow n^1\infty \rightarrow (\alpha+\delta)+(\beta+\delta)+(\gamma+\delta)\ n^2\infty \rightarrow (\alpha+\delta)+(\beta+\delta)+(\gamma+\delta) \rightarrow n\infty$$

Nosotros estamos en una «n» manifestada aquí y ahora en nuestro cosmos.

En el campo de la física, se trata a la información como una magnitud física susceptible de ser medida, cuantificada, transformada, almacenada y, de cierto modo, observada y utilizada. La unidad fundamental de la información es el «bit», que se representa mediante dígitos binarios —ceros y unos— que simbolizan los estados de «apagado» o «encendido», respectivamente, o de yin yang. Este concepto es esencial para comprender que la información requiere de un soporte físico para su existencia. Dicho soporte puede variar desde el universo mismo, hasta organismos vivos o dispositivos tecnológicos como el disco duro de un ordenador. Esta interacción entre la información y su medio físico subyace en la implementación y el funcionamiento de toda tecnología de almacenamiento digital.

La información es un conjunto de datos que se organizan y presentan de manera que tienen un significado o propósito específico.

Puede ser cualquier tipo de conocimiento o hechos que se comuniquen o reciban. La información es fundamental para la toma de decisiones, la comunicación, la educación y muchas otras áreas de la vida. Se presenta de diversas formas, como texto, imágenes, sonidos o gráficos, y puede transmitirse a través de varios medios, como el habla, la escritura y la tecnología digital, entre otros. En el caso que nos compete, quiero que sepan que se puede transmitir por partículas o por ondas. En física, la información se refiere a datos o detalles sobre el estado de un sistema físico. Esto abarca las propiedades y características que describen un sistema o un proceso, y que permiten entender y predecir su comportamiento. La información puede incluir datos como la posición y la velocidad de las partículas, sus interacciones, energía y otras variables relevantes.

Un importante concepto es la «teoría de la información cuántica», que combina la teoría de la información clásica con la mecánica cuántica. En este ámbito, la información se puede almacenar y procesar mediante bits cuánticos o cúbits, lo que tiene implicaciones para la computación cuántica y las comunicaciones seguras.

El principio de «conservación de la información» es otra noción importante. Afirma que la información contenida en un sistema físico no se destruye, aunque pueda transformarse. Por ejemplo, el «paradigma de la no pérdida de información» en los agujeros negros postula que la información sobre la materia que cae en un agujero negro debe, de alguna manera, estar preservada, aunque la manera exacta en que esto sucede es aún un tema de debate. Un planteamiento fascinante en cosmología propone que un agujero negro podría ser la fuente de otro big bang en un lugar distinto del universo, o incluso en otro universo. Existen teorías cosmológicas que sugieren que los agujeros negros podrían actuar como portales que absorben información y materia de una región del cosmos para proyectarla en otra dimensión o universo paralelo, dando origen a un nuevo big bang. Esta idea sugiere que los agujeros negros podrían funcionar como puertas o puentes entre universos, creando así una red de universos interconectados.

Entre las teorías que exploran esta posibilidad se encuentra la hipótesis de los universos bebé y la teoría de la gravedad cuántica de bucles. Según esta última, el colapso de una estrella en un agujero negro podría desencadenar, bajo ciertas condiciones, un rebote cuántico en el que la singularidad central del agujero negro daría lugar a un big bang en otra región espacio-temporal. Además, la conjetura de la holografía sugiere que la información absorbida por un agujero negro no se destruye, sino que podría ser proyectada en un nuevo cosmos, manteniendo así la continuidad y conservación de información entre estos sistemas, en esta teoría encaja muy bien la fórmula que sostengo.

Este concepto, aún teórico y especulativo, nos invita a reconsiderar la naturaleza de los agujeros negros no solo como estructuras de colapso gravitacional, sino como posibles semilleros de nuevos universos, expandiendo nuestra comprensión de la cosmología hacia una realidad mucho más compleja y multidimensional.

Volvamos ahora a la información, el yin y el yang serían dos formas de manifestar información, «It from bit»,[iv] que equivale a decir que todos los objetos emergen de los bits de información.

> *Toda partícula, todo campo de fuerza, incluso el continuum espacio-tiempo en sí derivan de respuestas «si o no», de elecciones binarias de bits.*
>
> —J. A. Wheeler.

Los astrofísicos teorizan sobre que, en el momento inicial de la existencia del universo, específicamente en la primera treinta milmillonésima de segundo (un período también conocido como el tiempo de Planck), la información empezó a transformarse en energía, materia, tiempo y espacio. Durante este instante extremadamente breve, una intrincada red cuántica de campos y partículas fue la precursora de la formación de átomos, moléculas y estructuras astronómicas más grandes. Este proceso fundamental inició la

[iv] En el III Simposio Internacional sobre: «Fundamentos de la mecánica cuántica», celebrado en Tokio en 1989. J.A. Wheeler, enunció su célebre eslogan «it from bit» [todo procede de un bit].

compleja evolución que condujo al nacimiento de los astros y demás entidades cósmicas.[3] Del hidrógeno al uranio, de las nebulosas a las galaxias y así hasta nosotros.

El Dao es el depositario de toda esa información y la información es la fuerza antagónica del caos, la información da orden y el caos desorden, una vez se manifiesta el universo, estas dos fuerzas antagónicas actúan como fuerza motriz, creando los procesos de evolución en el universo. La información, el principio que lo rige todo, va al contrario de las leyes de la termodinámica. El segundo principio de la termodinámica postula que el cosmos va hacia la entropía, y en este caso la información α va en contra de esta fuerza entrópica, la información hace que surja el orden en ese universo que tiende al desorden, por ejemplo, la vida es un claro ejemplo de este fenómeno. En palabras de José Campillo, autor del libro *El universo en un bit*, los seres vivos somos entidades creadoras de información. Los organismos vivos son formas que tiene el cosmos de guardar su información.

Fue Shannon quien usó por primera vez el término «bit». El bit es la unidad más básica de información en computación y tecnología digital. Es una abreviatura de *binary digit* [dígito binario] y puede tomar uno de dos valores posibles: 0 o 1, yin o yang. Estos dos estados representan las formas más simples de datos y sirven como bloques de construcción para la representación y procesamiento de información en sistemas digitales. Desde Turing hasta Shannon, la información se mide en bits.

Información y orden

Para abordar el tema de la entropía, es pertinente referirse a Rudolf Clausius, quien en 1850 identificó que en cualquier proceso irreversible se disipa una pequeña cantidad de energía que se libera al entorno en forma de calor. Clausius denominó a esta cantidad, aunque minúscula, entropía. Vamos ahora a hablar de este fenómeno que, aunque se estudió en sus inicios en el mundo industrial arroja luz sobre nuestras ideas. De alguna manera, las máquinas derrochan energía y esta realidad es especialmente relevante en contextos industriales. Por lo tanto, el desafío para los ingenieros modernos consiste en minimizar esta pérdida energética. El físico austriaco Ludwig Boltzmann, junto con las teorías de Josiah Willard Gibbs, propuso que la entropía pudiera estudiarse desde la física a través de la mecánica estadística. Boltzmann relacionó la entropía con la probabilidad de organización de átomos y moléculas en un gas, ya sea caliente o frío, estableciendo así una de las fórmulas fundamentales de la física. Desde la perspectiva de Boltzmann, un objeto como una copa de cristal puede considerarse que se encuentra en un macroestado con propiedades fácilmente identificables como forma, dureza, temperatura y estructura, las cuales poseen una configuración única. Los macroestados ordenados admiten pocas configuraciones y, por lo tanto, se caracterizan por tener baja entropía, lo que implica un alto grado de orden y baja aleatoriedad. Sin embargo, si la copa se rompe, se forman estructuras aleatorias y desordenadas, aumentando así la entropía

Figura 7.4.

Actualmente, comprendemos gracias a las teorías de la entropía que, de manera espontánea, los sistemas en el universo tienden hacia una distribución uniforme y aleatoria caracterizada por una alta entropía. Por ejemplo, al pulverizar ambientador en una habitación, este se dispersará uniformemente a lo largo del espacio. De un modo similar, al lanzar un cubilete de dados, cuando estos cesen su movimiento, las caras mostrarán aleatoriamente números del 1 al 6, ejemplificando una alta entropía. En contraste, es altamente improbable que todos los dados muestren el número uno simultáneamente tras detenerse; tal configuración sería extremadamente ordenada y de baja entropía.

Es importante distinguir entre baja probabilidad e imposibilidad. Por ejemplo, aunque es poco probable ganar la lotería, no es imposible. Del mismo modo, en la naturaleza, es altamente improbable que los fragmentos de un cristal roto se reensamblen espontáneamente en una copa intacta. No existe ninguna ley física, incluidas las leyes de la termodinámica, que prohíba categóricamente que procesos con aumento de entropía se inviertan. Sin embargo, debido a que la probabilidad de que tales eventos ocurran espontáneamente es extremadamente baja, en la práctica, rara vez suceden.

No obstante, en el contexto del Dao, donde no existen ni el tiempo ni el espacio y todo es información, estas leyes pueden manifestarse de maneras inusuales y permitir eventos que en otros contextos serían considerados altamente improbables y dotar al sistema de información manifestada que no podría haberse dado en nuestro universo sujeto a las leyes de la entropía que al mismo tiempo están sujetas al tiempo y al espacio.

Existe otra conceptualización significativa de la entropía, propuesta por Claude Shannon, que se distingue de las teorías de Clausius y Boltzmann. Shannon asoció la entropía con la incertidumbre y la aleatoriedad en una fuente de información. Según Shannon, una biblioteca meticulosamente organizada, con todos sus libros correctamente ubicados en las estanterías, constituye un sistema altamente ordenado. Esta biblioteca, debido a su orden, exhibe baja entropía y contiene una cantidad considerable de información, facilitando a cualquier lector la búsqueda de lo que necesita.

En este marco, Shannon postuló que baja entropía equivale a alto orden, lo que a su vez implica una abundancia de información. Por el contrario, alta entropía se asocia con mayor desorden y, por ende, menos información disponible. Fue Shannon quien estableció por primera vez la relación inversa entre entropía e información: un aumento de la información lleva a una disminución de la entropía y, viceversa, mientras que una disminución de la información resulta en un incremento de la entropía.

El diablo de Maxwell

El «demonio de Maxwell» es un experimento mental propuesto por el físico escocés James Clerk Maxwell en 1867. Este concepto fue diseñado para cuestionar y explorar la segunda ley de la termodinámica, que afirma que la entropía de un sistema cerrado tiende a aumentar con el tiempo, lo que implica que el desorden en el universo siempre debería incrementarse.

En el experimento mental de Maxwell, se imagina un ser diminuto (el demonio) capaz de observar y manipular moléculas individuales. El demonio se sitúa entre dos compartimentos llenos de gas, separados por una puerta diminuta. Este ser tiene la habilidad de abrir y cerrar la puerta para permitir que solo las moléculas más rápidas (más calientes) pasen de un lado a otro, mientras que las más lentas (más frías) se mantienen del otro lado. De esta manera, el demonio podría, teóricamente, crear un lado del compartimento más caliente y el otro más frío sin realizar trabajo alguno, aparentemente disminuyendo la entropía del sistema y violando así la segunda ley de la termodinámica.

El objetivo del demonio de Maxwell era ilustrar un punto crítico sobre la información y la mecánica estadística. Maxwell sugirió que, si un ser así existiera, podría teóricamente «engañar» a la mencionada segunda ley. Sin embargo, investigaciones posteriores, en particular las de Leo Szilard y más tarde las de Rolf Landauer y Charles Bennett, han mostrado que el proceso de medir y adquirir información por parte del demonio, así como el de borrar esa información, conlleva un costo de energía que resulta en un aumento neto de la entropía. De este modo, la acción del demonio de Maxwell no viola la segunda ley de la termodinámica cuando se consideran todos los aspectos del sistema, incluida la información.

En el experimento mental del demonio de Maxwell, es crucial entender que este ente no utilizaba energía directamente para manipular las moléculas, sino que empleaba información. Esto es fundamental, ya que previamente no se había considerado la energía consumida por el demonio a través de su cerebro imaginario. Szilard propuso que el demonio llevaba a cabo una tarea basada en decisiones binarias: molécula rápida o molécula lenta, similar al concepto del yin y el yang, lo que equivale a un bit de información. Almacenar y procesar esta información requiere energía. Szilard se encargó de cuantificar la energía que necesitaba el demonio para almacenar un bit de información, un valor denominado «C», que resultó ser extremadamente pequeño: 3×10^{-21} julios. Aunque esta cantidad es minúscula, es suficiente para mantener la validez de la segunda ley de la termodinámica. El demonio no alcanza el orden de forma espontánea, sino a través de la energía y el trabajo asociados con la información que emplea para determinar si una molécula está caliente o fría.

Esta contextualización fue crucial porque, por primera vez, la información fue considerada una forma de energía, de la misma manera que Einstein había demostrado 24 años antes que la masa podía convertirse en energía. A partir de ese momento ya se entendía que la energía también podía manifestarse como información.

Llegados a este punto debemos mejorar la ecuación anterior:

$$\infty \rightarrow (\alpha+\delta)+(\beta+\delta)+(\gamma+\delta) \rightarrow n^1\infty \rightarrow (\alpha+\delta)+(\beta+\delta)+(\gamma+\delta)\ n^2\infty \rightarrow (\alpha+\delta)+(\beta+\delta)+(\gamma+\delta) \rightarrow n\infty$$

Según lo que hemos propuesto realmente sería así:

$$\infty \rightarrow (\alpha\beta)+\delta+(\gamma+\delta) \rightarrow n^1\infty \rightarrow (\alpha\beta)+\delta+(\gamma+\delta))\ n^2\infty \rightarrow (\alpha\beta)+\delta+(\gamma+\delta) \rightarrow n\infty$$

Este cambio, aunque sutil, es interesante ya que energía e información se entretejen. Sin embargo, surgió un nuevo desafío: en todo proceso en el que se invierte trabajo y energía, hay una pérdida de energía en forma de calor, lo cual incrementa la entropía. ¿Dónde se encontraba la pérdida de entropía en el experimento de Maxwell?

Este dilema fue resuelto en 1961 por Rolf Landauer, quien planteó que el demonio de Maxwell, al llenar su memoria con información sobre moléculas frías y calientes, eventualmente enfrenta una memoria llena y solo puede continuar su tarea si borra información. Este proceso es análogo a lo que ocurre en los discos duros de un ordenador. El acto de borrar información consume energía, la cual se libera en forma de calor. Este calor representa la entropía generada por el proceso. Landauer calculó la cantidad de energía requerida para borrar un bit de información, conocida como el «límite de Landauer», que ha tenido una considerable influencia en el campo de la ingeniería.

A continuación, quiero hacer una reflexión un poco a atrevida, pero me gustaría plantearla.

La reflexión sobre el demonio de Maxwell y su conexión con conceptos más amplios, como el Dao y la formación del cosmos mediante el big bang, es intrigante y sugiere una perspectiva fascinante sobre la relación entre la información y el universo físico.

En el experimento mental del demonio de Maxwell, llega un momento en que la acumulación de información obliga al sistema a borrar datos para continuar operando, un proceso que libera calor, incrementando la entropía. Este ciclo de acumulación y eliminación de información como un acto que genera entropía podría verse como un microcosmos de eventos más grandes en el universo. Si consideramos el Dao como la fuente o base de toda información, como sugerimos en este tratado, se puede especular que el universo mismo, en su estado inicial antes del big bang, estaba en un estado de máxima información compactada en un punto de densidad infinita. En este marco, el big bang no sería solo la explosión que dio origen a la materia y energía que conocemos, sino también un evento de «borrado» de información, donde la liberación de este conocimiento fundamental se manifestó en la formación de estrellas, galaxias y la vida misma. El calor y la luz del big bang serían, en este sentido, equivalentes termodinámicos al calor liberado cuando el demonio de Maxwell borra información. Sin embargo, en realidad no es un borrado, sino una plasmación del contenido que libera espacio para la siguiente pulsación del Dao.

Este paralelismo sugiere que los procesos fundamentales que observamos en la física, como la transición de la información a la energía y la gestión de la entropía, podrían estar presentes no solo en las teorías y experimentos, sino en la estructura misma del universo. Esto nos lleva a reflexionar sobre cómo los principios aparentemente abstractos de la física tienen aplicaciones y consecuencias muy reales y tangibles, desde los confines de un laboratorio hasta las vastas escalas del cosmos.

Reflexionar sobre estos temas no solo expande nuestra comprensión de los fenómenos físicos, sino que también nos ofrece una perspectiva más profunda de nuestra propia existencia y el posible significado detrás de la estructura del universo. En última instancia, nos recuerda que nuestra búsqueda del conocimiento, tanto científico como filosófico, está profundamente interconectada y que cada descubrimiento nos lleva un paso más cerca de entender la complejidad del todo.

Sigamos…

La información, en su esencia, se define como la diferencia entre dos estados. Esta diferencia es crucial porque sin variación, la información no puede existir. En la medicina oriental, esta idea se manifiesta en la dualidad del yin y el yang, donde cada aspecto complementa al otro, creando un sistema de equilibrio y flujo que es fundamental para entender la salud y la enfermedad o el propio cosmos.

Desde una perspectiva física, esta dualidad también se observa en el comportamiento de los átomos y electrones. Los electrones, por ejemplo, poseen propiedades duales que se manifiestan en su movimiento y en fenómenos como el espín, que es un tipo de momento angular intrínseco que tienen las partículas. El espín no solo es una propiedad fundamental de las partículas, sino que también conlleva información sobre su estado cuántico.

El estudio del espín ha llevado al desarrollo de la espintrónica, un campo de la física que explora cómo se puede usar el espín de los electrones, además de su carga, para codificar, procesar y transmitir información. La espintrónica aprovecha la naturaleza binaria del espín (que puede orientarse hacia arriba o hacia abajo) para crear sistemas más eficientes y rápidos que los dispositivos electrónicos tradicionales, que dependen únicamente de la carga del electrón.

En cuanto a la materia, se entiende que está compuesta por partículas en constante vibración y movimiento. Nada en la estructura de la materia está estático; incluso en temperaturas cercanas al cero absoluto, donde teóricamente el movimiento cesa, las partículas exhiben un movimiento de punto cero debido a las reglas de la mecánica cuántica. Este movimiento perpetuo es considerado una parte esencial de la materia y del universo y, por ende, una fuente de información.

Por lo tanto, la vibración y el movimiento dentro de la materia no solo son indicativos de energía, sino también de información. Esta conexión entre movimiento, energía e información subraya la forma en que los conceptos fundamentales en física están profundamente interconectados y cómo estos principios se aplican a través de disciplinas científicas y filosóficas para proporcionar una comprensión más profunda de nuestro universo.

Ondas y bits

Sin embargo, y esto es crucial, la información no solo se puede almacenar y procesar en la materia, como hemos visto en ejemplos con electrones y núcleos atómicos, sino también a través de las ondas. Una onda es una perturbación que se propaga a través del espacio, y que altera propiedades como la densidad, la compresión y los campos eléctricos o magnéticos y, de este modo, transporta energía. Los dos tipos fundamentales de ondas son las electromagnéticas y las sonoras, ambas capaces de contener y transmitir información.

Las ondas electromagnéticas, que incluyen espectros desde las ondas de radio hasta los rayos gamma, son especialmente eficaces para transmitir información a través del vacío del espacio, mientras que las ondas sonoras requieren un medio material para su propagación. Además de su uso en comunicaciones y en tecnologías de la información, las ondas son medios excepcionales para la transmisión de datos a largas distancias en el universo.

En este contexto, es relevante destacar los avances en el campo de la fotónica, donde equipos de investigadores, incluidos algunos chinos, exploran activamente sistemas de almacenamiento de información basados en fotones. Estos sistemas aprovechan las propiedades únicas de los fotones, como su velocidad y su capacidad para superponerse, lo que podría revolucionar las tecnologías de la información al permitir un procesamiento y almacenamiento de datos más rápido y eficiente.

¿Cómo se almacena la información?

En el ámbito del almacenamiento de datos y las comunicaciones, los bits se agrupan para formar unidades de mayor capacidad, como bytes (que son grupos de 8 bits), kilobytes, megabytes y así sucesivamente. Los bits son fundamentales para el funcionamiento de los dispositivos electrónicos modernos, desde computadoras y teléfonos inteligentes hasta redes de comunicación y sistemas integrados.

Entonces la información se guarda en un formato yang (--) o yin (- -), lo que forma una unidad de información. A nivel más esencial la información se codifica en átomos. Hasta donde sabemos, la información puede codificarse en dos formatos principales: o bien a través del espín de átomos y partículas subatómicas, o bien en forma de energía en las modulaciones de amplitud y frecuencia de ondas, como ocurre en el sonido y la luz. Veamos un ejemplo práctico: cuando compramos un ordenador y lo conectamos, el disco duro está inicialmente vacío. Sin embargo, sabemos que el disco duro está construido con materiales magnéticos capaces de almacenar información. Al teclear el primer texto o cargar las primeras fotos, algunos de los bits vírgenes en los átomos del disco duro se magnetizan y se organizan para codificar y almacenar esa información. Esta se traduce a través de nuestro ordenador y aparece en la pantalla como la foto de nuestro viaje de fin de curso, por ejemplo.

De manera similar, se puede considerar que las partículas y los átomos que forman todo lo que existe son como bits vírgenes que se magnetizan para codificar y almacenar información específica. Los átomos se combinan para formar moléculas, que son la porción de materia más pequeña que retiene todas las propiedades físicas y químicas del compuesto químico. En cierto sentido, una molécula formada por varios átomos enlazados sería el equivalente a una foto en nuestro ordenador, compuesto por millones de bits. Esta interacción entre átomos y moléculas se entiende mejor a través de la teoría de los campos mórficos, que sugiere que existen formas o moldes que modelan cómo la información da forma a la materialización de la energía en materia. Las moléculas, que son grupos de dos o más átomos unidos entre sí, presentan millones de combinaciones posibles, lo que significa que existen innumerables moléculas diferentes.

En este caso imaginemos una partícula virtual la primera que apareció en nuestro universo, ¿cómo apareció?

Vamos a pensar que hay dos posibilidades: yang (--) y yin (- -); 50 % de posibilidades.

En el Dao existen las dos posibilidades (-- y - -) pero en el cosmos solo se puede manifestar una. Pongamos (--). Esa partícula toma la forma (--), pero en el Dao están las dos posibles formas (-- y - -).

Ahora aparece otra. ¿Cómo puede aparecer?, pues igual que la anterior 50 % de «--» o de «- -», pongamos que se configura como «- -».

Entonces en el Dao tenemos:

-- y - -

Y en el cosmos tenemos

-- o - -

Nótese la diferencia entre «y» y «o». Analicémoslo: en el cosmos podemos tener una forma o la otra, en esa primera manifestación. Solo un bit, sin embargo, en el Dao pueden ser la una y a otra, aquí entra el concepto de «cúbit».

Un cúbit[4] o bit cuántico (del inglés *quantum bit* o *qubit*) es un sistema cuántico con dos estados propios y que puede ser manipulado arbitrariamente. Solo puede ser descrito correctamente mediante la mecánica cuántica y solamente tiene dos estados bien distinguibles mediante medidas físicas. También se entiende por cúbit, la información que contiene ese sistema cuántico de dos estados posibles. En esta acepción, el cúbit es la unidad mínima y, por lo tanto, constitutiva de la teoría de la información cuántica. Es un concepto fundamental para la computación cuántica y para la criptografía cuántica, el análogo cuántico del bit en informática.

A diferencia de los bits clásicos, que pueden representar solo uno de dos estados, «0» o «1», «yin» o «yang», los cúbits pueden existir en una superposición de ambos estados simultáneamente, gracias a las propiedades cuánticas. Es decir, pueden ser yin yang o yang yin. Su importancia radica en que la cantidad de información contenida en un cúbit y, en particular, la forma en que esta información puede ser manipulada son fundamental y cualitativamente diferentes de las de un bit clásico. Hay operaciones lógicas, por ejemplo, que son posibles en un cúbit y no en un bit.[5] Esta superposición significa que un cúbit puede ser tanto «0» como «1» al mismo tiempo. Además, los cúbits pueden estar entrelazados cuánticamente, lo que implica que el estado de un cúbit puede estar correlacionado con el estado de otro, incluso si están separados por grandes distancias. Esto es lo que se conoce como «entrelazamiento cuántico».

Entonces en el Dao la información de la partícula puede estar en:

«--» y «- -» al mismo tiempo, es decir en un cúbit. Sin embargo, una vez se expresa en el cosmos, colapsa en un bit: «--» o «- -»; es decir, en yin o en yang.

Como ya hemos mencionado, estas primeras partículas que aparecieron en el cosmos son virtuales, es decir aparecen y desaparecen, regresan al Dao, allí retroalimentan la información y se crea información que moldea formas, y se vuelven a proyectar en el cosmos, en una danza de retorno continuo. Ahora vamos a imaginar cómo se va creando el cosmos según esta idea.

Imaginemos que en el cosmos tenemos una partícula en «--» (yang) y aparece otra «--» (yang) Esto genera dos -- -- (yang yang) en teoría oriental, se denomina gran yang, me explico, si solo aparece una partícula en el universo esta tiene un bit de información y será yin «- -» o será yang «--». En el Dao será un cúbit es decir tanto yin como yang. Ahora pongamos que en el universo no aparece una sola partícula, sino muchas, entonces podemos decir que esa información, ese bit, se puede aumentar en cuatro nieves con más información:

- Gran yang «-- --».
- Pequeño yang «-- - -».
- Gran yin «- - - -».
- Pequeño yin «- - --».

Como podemos observar en el cosmos se ha determinado una partícula más compleja, esas partículas yin yang forman moléculas más complejas. Por ejemplo, digamos que ahora en el cosmos tenemos una molécula gran yang: «-- --». Y aparece otra partícula que en este caso sea otra vez yang «--»; en este caso tendremos una molécula que formaría un triplete: «-- -- --».

Pero en el Dao se formarán todas las combinaciones de tripletes.

Figura 7.5.

Ahora entra otra partícula más, que tiene un 50 % de posibilidades de ser «--» o de ser «- -».

Y se puede crear un «-- -- -- --» cuádruple.

En el Dao tendremos todas las posibilidades

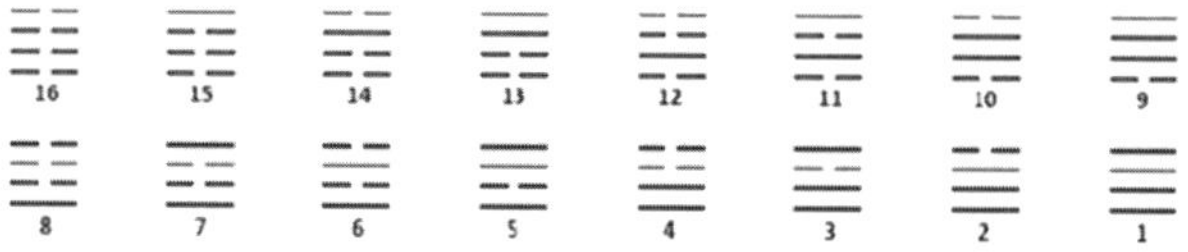

Figura 7.6.

Y esto se repetirá hasta el infinito.

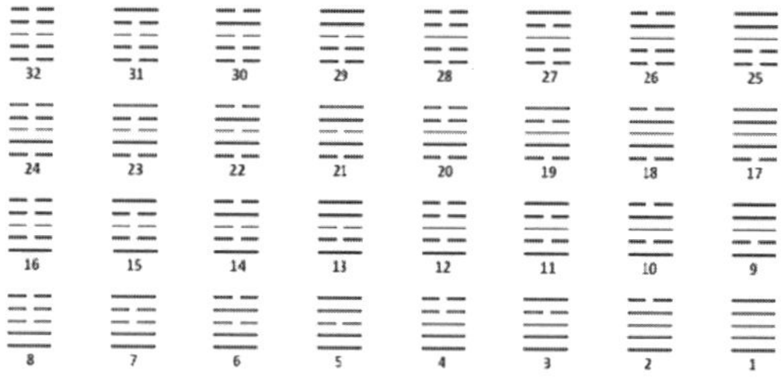

Figura 7.7.

El cosmos funciona como un artista aristotélico, moldeando las formas mientras las partículas van tomando configuraciones más complejas y emergentes. Una vez manifestadas en el cosmos, entran en un estado de evolución. Es decir, el cosmos, junto con otras formas, va generando interacciones que hacen que algunas formas sean más eficientes que otras, y eso determina las leyes de la evolución en el cosmos y, evidentemente, en los seres vivos. Y recuerde que toda forma está constituida por la materia que combina. El Dao no se rige por las leyes de la evolución, ni por el determinismo. Dentro de la naturaleza del Dao las posibilidades del azar son infinitas, ya que no existe el límite del tiempo ni del espacio. Esto puede generar combinaciones increíblemente complejas que pueden proyectarse en el cosmos, donde colapsan y crean algo ilógico según las leyes de la física o la biología, que quiero decir con esto, pues que en el Dao la información esta en cúbits y se pueden entrelazar de todas las formas posibles, generando estadios de información altamente improbables en el cosmos, pues las leyes del cosmos no lo permitirían, mientras que en el Dao sí, pongo un ejemplo, en el universo existen los elefantes y existe el color rosa, pero no hay elefantes rosas, sin embargo en su cabeza, usted los puede crear. El Dao funciona igual. Por ejemplo, podrían unirse sistemas físicos independientes que por sí solos no tienen acción, pero que, al unirse, presentan una acción emergente que parece obra de Dios, usted puede imaginar un coche y unas alas y de ese modo construir un avión, pero antes, tuvo que imaginar el avión, eso hace el Dao. En realidad, es obra de la información cuántica en el Dao, donde las leyes del cosmos no se aplican.

Esto refuta la teoria del diseño inteligente en relación a la mínima reductabilidad: la «teoría de la complejidad irreductible». Este concepto fue propuesto por el bioquímico Michael Behe en su libro *La caja negra de Darwin*, en 1996. La complejidad irreductible sugiere que ciertos sistemas biológicos son tan complejos y dependen de tantas partes interconectadas que no podrían haber evolucionado a través de pequeñas modificaciones sucesivas, como propone la teoría de la evolución. Los defensores de esta teoría argumentan que tales sistemas deben haber sido diseñados de forma deliberada, en vez de hacerlo por selección natural.

Teoría de la complejidad irreductible

Michael Behe, creador del concepto, define un sistema irreducible como «un sistema individual compuesto de varias partes bien coordinadas que interaccionan para desempeñar la función básica de este, de modo que si se eliminara cualquiera de esas partes dejaría de funcionar por completo».[6] En otras palabras, el nivel más sencillo al que puede funcionar un sistema es el irreducible.

El argumento busca demostrar que los seres vivos debieron haber sido manipulados a lo largo de su evolución para que su funcionamiento fuese el correcto, y se basa en que existen partes en el organismo de las bacterias hasta los seres humanos cuya eliminación impediría que puedan seguir funcionando.

El ejemplo fundamental de este argumento es el del flagelo bacteriano y el cómo, al ser esta una de las estructuras más simples, muestra ciertos indicios de ser parte de un diseño inteligente porque su estructura química depende exclusivamente de las proteínas de su estructura molecular. En su libro *La caja negra de Darwin*, Michael Behe analiza seis ejemplos de supuestos sistemas de complejidad irreducible: el cilio y el flagelo bacteriano, el sistema de coagulación de la sangre, el sistema de transporte de materiales dentro de la célula, el sistema inmunológico a nivel celular, el sistema de construcción de proteínas dentro de la célula y el ojo.

Behe argumenta que el flagelo bacteriano es un sistema de complejidad irreductible porque consta de muchas partes interdependientes. Si se elimina alguna de estas partes, el flagelo no funciona. Según Behe, un sistema tan complejo no podría haber evolucionado a través de cambios graduales, porque ninguna versión incompleta del flagelo tendría utilidad, y, por tanto, no sería seleccionada por la evolución. Esto le lleva a concluir que el flagelo debe haber sido diseñado deliberadamente.

La ciencia en su defensa dice: «Los críticos de esta idea señalan que, aunque el flagelo en su conjunto es complejo, muchas de sus partes pueden tener funciones individuales que pudieron haber sido seleccionadas evolutivamente». También argumentan que estructuras similares al flagelo, pero más simples, se encuentran en otros organismos, lo que sugiere que el flagelo pudo haber evolucionado gradualmente a través de modificaciones sucesivas.

Ahora bien, si se tiene en cuenta la propuesta del Dao, sí que se pueden crear esas combinaciones, pues allí las posibilidades son como la propia imaginación del ser humano, el ser humano imaginó volar y construyó aviones, en el Dao la imaginación no tiene límites.

El Dao, al ser comparado con un artista aristotélico, nos lleva a considerar la idea de que el universo está en constante evolución y transformación, y que las partículas y formas se configuran de manera cada vez más compleja. Esta visión resalta la idea de que la naturaleza y los seres vivos están sujetos a un proceso evolutivo impulsado por la interacción y la eficiencia. En este contexto, todo en el universo está hecho de materia que se combina y reorganiza continuamente.

La introducción del concepto del Dao en este argumento amplía nuestra perspectiva. A diferencia del cosmos, el Dao no sigue las leyes de la evolución o del determinismo. En cambio, se presenta como un reino de posibilidades infinitas, libre de las limitaciones del tiempo y el espacio. Esto implica que en el Dao pueden surgir combinaciones que desafían las leyes de la física o la biología. Tal vez, desde esta perspectiva, puedan generarse fenómenos que aparenten ser milagros, pero que en realidad son el resultado de la información cuántica, donde las leyes del cosmos no aplican. Esta visión desafía directamente la teoría del diseño inteligente, sobre todo el concepto de complejidad irreductible propuesto por Michael Behe, en su argumento de que ciertos sistemas biológicos son demasiado complejos para haber evolucionado gradualmente y sugiere que deben haber sido diseñados intencionadamente. Sin embargo, el argumento del Dao y su capacidad para generar combinaciones infinitas sugiere que la evolución no está necesariamente limitada por la complejidad de los sistemas.

Los campos morfogenéticos

Hemos expuesto como la información se va plasmando en materia en el universo, pero ¿qué hace que la materia tome determinada forma y no otra? La respuesta son las fluctuaciones, pongamos un ejemplo: un péndulo solo está sujeto a una fuerza, en concreto a la gravedad, oscilará hacia una posición de equilibrio y estabilidad, en este caso, su realidad primaria no puede ser más simple, no tiene más realidad no existe una bifurcación, algo que le pueda generar incertidumbre, simplemente oscila. Sin embargo, si a este péndulo le colocamos cuatro imanes en los puntos cardinales, generaremos un péndulo caótico, expuesto a dos fuerzas, la gravitacional y la magnética, entonces, existirán varios puntos de equilibrio, y deberá decidir en una determinada bifurcación. Pero ¿quién o qué toma la decisión? La respuesta son las fluctuaciones. Es decir, cualquier cosa que esté cerca de su realidad, la temperatura, la gravedad, la fuerza magnética, etc. El péndulo simple está atado a las leyes newtonianas, sin embargo, el caótico no. Este puede tener infinitas evoluciones y todas posibles. Todas esas posibilidades irán creando su realidad y, una vez creada, se mantendrá gracias a los campos de fuerza, pero la acción fue creada por la fluctuación, quedará pues por definir qué es un campo de fuerza. El péndulo caótico es ultrasensible a sus condiciones iniciales, pero tal como evolucione irá dejando campos de fuerza que le darán su consistencia (creará su historia). La trayectoria del péndulo como la emergencia de las formas dependerá de toda una colección de selecciones, selladas en la materia, y esa colección estará recogida por esos campos emergentes de información llamados campos de fuerza.

Voy a poner otro ejemplo, más simple, imaginemos que una molécula se manifiesta por primera vez en el universo: puede hacerlo de dos formas (-) o (I) —en realidad podría de muchísimas más (*)—, sin embargo, para el ejemplo me sirven estas dos configuraciones. ¿Cuál elegiría? Es indiferente, 50 % de la forma (-) y 50 % de (I). Imaginemos que por el azar y las fluctuaciones toma la forma (-) y creará un campo de fuerza (campo morfogenético). Dicha molécula ahora retorna al campo del punto cero y desaparece. En el campo del punto cero estará el campo de fuerza que esa molécula manifestó, ese campo es información, esa misma molécula u otra con su misma configuración cuando se vuelva a manifestar tendrá un campo de fuerza que sellará su manifestación, en este caso con la forma (-). Esa molécula estará generando su historia. De las muchas posibilidades que podían ocurrir solo tiene lugar una, que configura la realidad o varias, pero la más adaptativa sin duda persiste y es el campo de partida de más fluctuaciones, más incertidumbres y más génesis. Así se forma todo el yin, la materia, tanto inorgánica como orgánica.[v]

---

[v] Hasta llegar al cuerpo/soma del cual emerge el «Shen», que se enorgullece de verse así mismo, y todas las fluctuaciones acumuladas en él, generan su realidad. Las fluctuaciones tienen un poder epigenético que afecta el todo tanto en la materia orgánica como en la inorgánica.

La realidad manifestada es un mapa de lo permitido, y lo permitido es el resultado de las fluctuaciones azarosas que generan un patrón que se establece y se configura como una cosa, o da lugar a una cosa por la compactación de la energía, gracias a ese campo de fuerza. Y una vez manifestado la evolución establecerá qué formas perduran y cuáles no.

Por otro lado, sutilmente he introducido otro concepto de las matemáticas, el azar. El azar es un derecho intrínseco de la propia naturaleza que, de forma emergente y precisa, genera las realidades primarias, por tanto, todo aquello que acontece en esta realidad es fruto de este zangoloteo azaroso que determina leyes y genera formas y en estas formas a saber la materia es mantenida estable gracias a esos campos de fuerza. Así que toda la materia es producto de una selección azarosa que evoluciona de forma emergente, haciendo que las cosas, la propia materia, interactúen de forma fluctuante generando interacciones complejas como la propia vida.

Como decíamos: la permanencia será objeto fundamental de la materia, pero para permanecer primero hay que emerger. Sobre la emergencia da cuenta el azar y los campos de fuerza Sin embargo, todo lo que usted ve por la ventana, está ahí, delante de sus ojos, porque puede permanecer y permanece porque hay algo que lo mantiene estable, ese algo son los campos de fuerza.

Neguentropía

El biólogo Theodoisius Dobzhansky proclamó en el siglo pasado que: «la vida no tiene sentido si no es a la luz de la evolución». Sin embargo, en el siglo XXI, podemos afirmar que la vida no tiene sentido si no es a la luz de la información. Sabemos que, en los sistemas biológicos, la información se almacena en el ADN, el cual puede considerarse un cristal aperiódico. Aquí es donde entra en juego el concepto de neguentropía, acuñado por el físico Erwin Schrödinger, pionero en la formulación de los principios de la vida basados en la información y la termodinámica.

Para Schrödinger,[7] la vida es sinónimo de orden y complejidad, es materia organizada que resiste la descomposición hacia el equilibrio mediante la absorción de energía. El orden en un ser vivo es el resultado de lo que él llamaba un cristal o sólido aperiódico, una hipotética estructura ordenada de átomos capaz de mantener un orden en un sistema tan complejo como un ser vivo. Un organismo mantiene su orden y su baja entropía al costo de aumentar la entropía (es decir, el desorden) de su entorno. Esto se logra emitiendo entropía al universo en forma de calor y desechos. Para Schrödinger, lo que define a la vida es su capacidad de mantener un orden mediante su baja neguentropía, de ahí dicho término. Y esos cristales aperiódicos hoy sabemos que son el ADN, que aún no se había descubierto en la época de Schrödinger.

En la vida, al igual que en cualquier otro sistema físico, existe una relación inversa entre la entropía y la información. Un organismo que conserva su organización, es decir, su forma y función, mantiene tanto la información estructural como funcional y, por lo tanto, exhibe baja entropía. Esto significa que mientras un organismo logre preservar su estructura organizada y sus capacidades funcionales, también conservará la información esencial para su supervivencia y operación eficiente, minimizando así la entropía en el proceso.

Es crucial destacar que, para mantener el orden (es decir, la información) dentro de un organismo, este debe introducir energía y, a su vez, producir entropía en forma de calor. Esto nos lleva a preguntarnos, ¿cómo introduce energía un organismo? Sabemos que la energía se obtiene principalmente a través de la respiración y la alimentación. ¿Y qué es exactamente lo que consumimos como alimento? Aunque pueda parecer sorprendente, en última instancia, consumimos energía derivada de la luz. Esto se debe a que las plantas, que son la base de la cadena alimentaria, capturan la energía solar mediante la fotosíntesis y la convierten en biomasa, que luego es consumida por otros seres vivos.

Postulado 15

«La vida mantiene su neguentropía (orden) gracias a la luz».

Hablemos un poco de la luz. En el fascinante mundo de la física de partículas, ciertas entidades se destacan por una característica peculiar: la ausencia de masa, es decir, de yang. Estas partículas, esenciales para nuestra comprensión del universo a nivel fundamental, desempeñan roles cruciales en los procesos físicos que sustentan tanto la materia como la radiación. La partícula más conocida sin masa es el fotón. El fotón es el cuantificador de toda la radiación electromagnética, incluida la luz visible, las ondas de radio, los rayos X y más. A pesar de no poseer masa, el fotón tiene la capacidad de transportar energía y momento, y su velocidad constante en el vacío (la velocidad de la luz) es un componente central de la teoría de la relatividad de Einstein.

Otra partícula sin masa es el gluon, que es el bosón mediador de la fuerza fuerte, la cual actúa entre los cuarks dentro de los protones, neutrones, y otras partículas subatómicas. Los gluones son responsables de mantener unidos a los cuarks, y, por ende, de la integridad nuclear de toda la materia ordinaria. Al igual que los fotones, los gluones no poseen masa, una propiedad que les permite mediar la fuerza fuerte con una eficiencia extraordinaria, operando a distancias increíblemente cortas dentro del núcleo atómico. En el modelo estándar de la física de partículas, los fotones y los gluones son descritos como bosones de gauge, partículas que median interacciones fundamentales sin presentar masa.

Fotones y vida

Los fotones, partículas sin masa, se convierten en la fuente primordial de energía en nuestro ecosistema, lo que nos lleva a apreciar la maravillosa eficiencia y simplicidad de los procesos naturales. El hecho de que los fotones, en esencia, paquetes de energía lumínica, sean capturados por las plantas a través del proceso de la fotosíntesis, subraya una conexión profunda y elegante entre la física y la biología.

La fotosíntesis, un proceso bioquímico que se desarrolla en los cloroplastos de las células vegetales, utiliza la energía de los fotones para convertir dióxido de carbono y agua en glucosa y oxígeno.

La vida se mantiene gracias a:

- Fotones
- Agua
- Oxígeno

De estas tres sustancias el organismo mantiene su neguentropía.

Este proceso no solo es fundamental para la vida vegetal; es la base de la vida en la Tierra tal como la conocemos. La glucosa producida sirve como bloque básico para otras formas de biomasa y como fuente de energía almacenada que alimentará más tarde a otros organismos, incluidos los animales y los seres humanos.

Desde un punto de vista físico, es fascinante que los fotones, que viajan a través del vasto vacío del espacio a la velocidad de la luz y sin masa, sean capturados por organismos vivos y transformados en sustancias con masa y complejidad química. Este proceso subraya una transformación de la energía puramente radiante en energía química, que es tangible y vital para los procesos biológicos.

Además, la fotosíntesis ilustra un punto crítico sobre la entropía y la organización en los sistemas biológicos. A pesar de que la entropía, una medida del desorden de un sistema, tiende a aumentar según las leyes de la termodinámica, los organismos vivos utilizan la energía de los fotones para construir y mantener estructuras ordenadas y realizar trabajo, creando islas de orden en un mar de creciente desorden.

En última instancia, esta reflexión nos lleva a considerar nuestra propia dependencia de los fotones, no solo para la alimentación indirecta a través de la cadena alimentaria, sino también para la energía en formas más directas, como la energía solar. En un nivel más profundo, nos recuerda nuestra interconexión con el universo: estamos ligados a los ciclos cósmicos de energía y materia, que destacan la unidad fundamental de toda la naturaleza. Esta comprensión puede inspirar un mayor respeto por nuestro ambiente y un enfoque más sostenible para la gestión de los recursos naturales. Los fotones son la fuente que mantiene la neguentropía en los organismos vivos.

Teoría oriental y vida

La intersección entre las ideas de la medicina oriental y las teorías de la física moderna sobre la energía y la vida nos ofrece una perspectiva enriquecedora sobre la naturaleza del ser humano y su conexión con el universo. En la medicina oriental, el concepto de qi o chi (氣) refleja la energía vital que fluye a través de todos los seres vivos, y se considera esencial para mantener la salud y la vitalidad. Este chi se describe a menudo en tres formas principales: ancestral (yuangqi), proveniente de los alimentos (guqi), y del aire (gongqi).

El chi ancestral, también conocido como yuangqi, es una forma de energía que se transmite de generación en generación, vinculada a la genética y la herencia. Este concepto puede verse reflejado en la idea moderna de la información genética codificada en el ADN, que es, en esencia, un legado de nuestros ancestros que influye en nuestra estructura y funcionamiento biológicos. Es la información que se codifica en el ADN.

El guqi, que proviene de los alimentos, se puede paralelizar con la energía química derivada de la glucosa producida por las plantas mediante la fotosíntesis. Este proceso captura la energía de los fotones y la transforma en una forma almacenada que, al consumirla, alimenta los complejos procesos bioquímicos de nuestro cuerpo.

El gongqi, extraído del aire, es similar a la energía que obtenemos del oxígeno, vital para la respiración celular. El oxígeno es necesario para la producción de ATP (adenosín trifosfato), la molécula que almacena y transporta energía química dentro de las células para todas sus funciones vitales.

Estas formas de chi no son solo fundamentales para la sustentación de la vida, sino que también representan las diferentes maneras en que los seres vivos interactúan con su entorno y contrarrestan la entropía. Aunque los organismos están sujetos al deterioro debido a la entropía, se esfuerzan por mantener el orden interno y prolongar la vida utilizando estas distintas formas de chi. En cierto sentido, aunque la vida en sí misma no es inmortal, la búsqueda continua de equilibrio y armonía es una lucha constante contra la desintegración y el caos.

Reflexionar sobre estas similitudes nos invita a apreciar cómo distintas culturas y disciplinas científicas pueden converger en la comprensión del misterio de la vida y la energía. Esto no solo enriquece nuestro conocimiento, sino que también profundiza nuestro respeto por las diversas formas de sabiduría y práctica que han surgido a lo largo de la historia humana para interpretar y manejar las fuerzas vitales que animan nuestra existencia.

El Dao en la base de la vida

La teoría del Dao, que describe un reino de posibilidades infinitas, sin las restricciones del tiempo y el espacio, ofrece una perspectiva intrigante para explicar el surgimiento de la vida. El Dao se presenta como un lugar donde la imaginación y la creatividad son ilimitadas, lo que puede conducir a combinaciones y fenómenos altamente complejos.

En este contexto, el Dao podría proporcionar un escenario adecuado para la emergencia de la vida, ya que permite la creación a través de interacciones creativas e informativas. A diferencia del cosmos, donde las leyes de la evolución y el determinismo gobiernan la organización y el desarrollo de los seres vivos, el Dao ofrece un espacio donde las combinaciones y las formas pueden surgir de manera espontánea y libre.

El surgimiento de la vida es un evento altamente improbable y complejo, que requeriría la combinación precisa de moléculas y condiciones. El Dao, con su capacidad para crear combinaciones infinitas, podría haber facilitado la generación de tales circunstancias. Al proporcionar un ambiente donde las leyes de la física y la biología no se aplican estrictamente, podría haber permitido que moléculas independientes se unieran para formar sistemas emergentes con funciones nuevas y eficientes, lo que es una característica fundamental de los seres vivos.

La teoría del Dao sugiere que el surgimiento de la vida no necesariamente se debe a un diseño deliberado, sino que puede ser el resultado de la creatividad inherente y las posibilidades infinitas que ofrece este reino. Al no estar limitado por el tiempo o el espacio, el Dao puede haber permitido que las interacciones creativas e informativas dieran lugar a sistemas biológicos complejos y funcionales.

Según el principio que estamos considerando, todo el universo estaba inicialmente contenido en un bit de información, a partir del cual todo se formó. En este contexto, se plantean dos hipótesis opuestas sobre el origen del universo: la hipótesis de Dios, que sugiere una creación divina y deliberada, y la hipótesis del big bang, que propone que el universo comenzó con una gran explosión (universo que conocemos, recuerden que puede continuar sucediendo).

De acuerdo con lo que hemos discutido, el big bang podría interpretarse no solo como una explosión física, sino como una explosión de información, depositada en la materia del cosmos. Este evento crucial sucedió durante la primera treinta milmillonésima parte del primer segundo desde el inicio del big bang. Durante este brevísimo intervalo, conocido entre los físicos como el «tiempo de Planck», toda la información necesaria para formar el universo se plasmó en la materia.

En el contexto del Dao, que interpreta la existencia como una manifestación de información, esta concepción del big bang como una liberación de información es especialmente relevante. Los físicos consideran que este minúsculo instante contiene las semillas de lo que eventualmente se desarrollaría en todo lo que existe hoy. La gran pregunta que surge es: ¿en qué formato estaba contenida esa vasta cantidad de información antes del big bang?

Es posible que esta información primordial estuviese codificada en formas extremadamente densas y compactas, incomprensibles para nuestra ciencia actual, posiblemente enlazadas a los fundamentos de la física cuántica y a la teoría de cuerdas, que sugieren estructuras y dimensiones más allá de nuestra percepción habitual.

Cronología del universo

- **Inicio - Periodo de Planck (desde 0 hasta entre los 10^{-43} y los 10^{-34} segundos):** Al comienzo, en el periodo de tiempo conocido como Planck, todas las fuerzas fundamentales de la naturaleza estaban unificadas. Durante esta fase, solamente existía información pura, sin manifestación material.
- **Inflación (aproximadamente de 10^{-36} a 10^{-34} segundos):** Seguido por el campo inflatón y una gravedad repulsiva que expandieron una mota insignificante de espacio hasta alcanzar aproximadamente un metro de radio. Esta expansión fue extremadamente rápida y marcó el inicio del enfriamiento del universo.

- **Formación de partículas (desde de 10^{-34} a 10^{-22} segundos):** En este periodo se produce una rápida expansión del espacio. El universo en formación se pobló con una mezcla densa y caliente de cuarks, gluones y sus antipartículas correspondientes.
- **Época electrodébil (aproximadamente de 10^{-22} a 10^{-11} segundos):** Durante esta etapa, conocida como la época electrodébil, aún no se habían diferenciado las cuatro fuerzas fundamentales y las partículas no tenían masa. El mecanismo de Higgs, que otorga masa a las partículas, aún no estaba operativo.
- **Separación de fuerzas (aproximadamente entre los 10^{-11} y los 10^{-34} segundos hasta 1 segundo):** A finales de este periodo, las cuatro fuerzas fundamentales comenzaron a separarse. La temperatura del universo continuó reduciéndose.
- **Nucleosíntesis (de los primeros segundos a los 20 minutos):** Durante la nucleosíntesis los protones y neutrones comenzaron a unirse para formar los núcleos atómicos primordiales como hidrógeno, helio, deuterio y litio. Al final de esta época, el universo tenía aproximadamente 300 años luz de radio y la mayor parte de la energía estaba en forma de radiación electromagnética.
- **Formación de átomos (de los 20 minutos a 370 000 años):** El universo estaba compuesto por un plasma de núcleos, electrones y fotones. Entre los 20 minutos y los 370 000 años, los átomos y algunas moléculas comenzaron a formarse, dejando la impronta de la información primigenia.
- **Formación de grandes estructuras (aproximadamente de los 370 000 años en adelante):** A partir de los primeros cientos de miles de años, comenzaron a surgir estructuras a gran escala como galaxias y estrellas.

Este resumen ofrece una visión más estructurada y precisa del desarrollo del universo desde el momento del big bang, destacando cómo la información inicial se manifestó gradualmente en la materia y las estructuras que observamos hoy.

Desde el momento de la singularidad, la energía inicial del universo era tan elevada que su única opción era comenzar a disiparse. Este proceso marcó el inicio de una dinámica fundamental, a pesar de que la segunda ley de la termodinámica sugiere que un sistema aislado tiende a evolucionar hacia un estado de mayor entropía, es decir, más aleatorio y estadísticamente probable, observamos fenómenos en el universo que parecen contradecir esta tendencia.

La entropía, que describe la tendencia de los sistemas a moverse hacia estados menos organizados y más estables, parece ser una fuerza dominante en el comportamiento macroscópico del universo. Sin embargo, dentro de este marco de creciente desorden, emergen estructuras altamente organizadas y poco probables, como las estrellas, los agujeros negros, y, de hecho, la vida misma, incluidos usted y yo.

Esta paradoja indica que, aunque la entropía favorece la desorganización a gran escala, los procesos locales pueden resultar en el aumento de la organización. Estos procesos están mediados por fuerzas fundamentales que transforman la energía y la materia de maneras que permiten la emergencia de complejidad. En el caso de las estrellas y los agujeros negros, las fuerzas gravitacionales comprimen la materia a estados de densidad extremadamente alta, desafiando la tendencia hacia el desorden. De un modo similar, la vida se organiza a través de mecanismos químicos y biológicos que mantienen y aumentan la complejidad interna a expensas de la energía del entorno. En la vida esas fuerzas son los campos morfogénicos.

Por lo tanto, aunque el universo en su conjunto tiende hacia un aumento de la entropía, existen numerosas instancias de orden emergente. Este contraste entre el aumento de la entropía y la formación de estructuras organizadas sigue siendo uno de los aspectos más fascinantes y estudiados en física, astrofísica y biología.

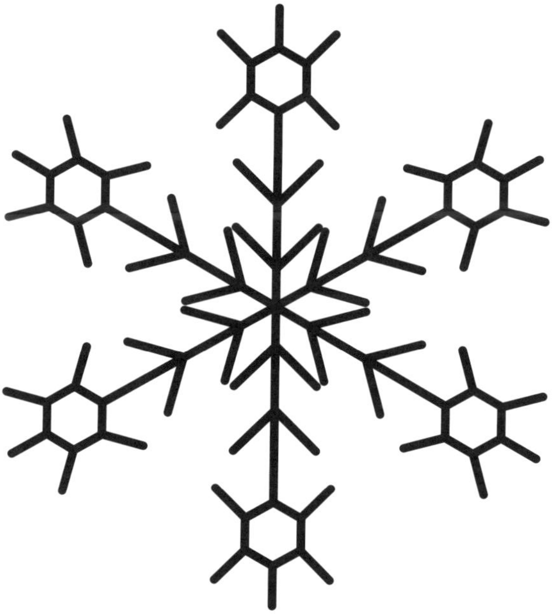

Capítulo 8

Los campos morfogenéticos

La información no reside en los átomos individuales, sino en la manera en que se enlazan para formar moléculas y en la disposición espacial que resulta de estos enlaces. En este contexto, es la estructura, la forma tridimensional, la que transmite la información esencial. Esta configuración estructural define la función: la forma dicta la función y es en esa relación donde la información del cosmos se manifiesta. En última instancia, las formas complejas y específicas de las moléculas y las estructuras son las portadoras de la información fundamental del universo, operando en una sinergia entre estructura y función que permite la expresión de fenómenos y procesos a todas las escalas de la naturaleza.

La fuerza creativa

Postulado 16

«Las formas son la información del cosmos, pues la forma determina la función».

En el estudio de las hormonas y otras biomoléculas observamos cómo pequeñas variaciones en la composición química pueden resultar en grandes diferencias en sus funciones biológicas. Esto subraya la idea de que la información no depende únicamente de los átomos individuales, sino de la forma en que se organizan y estructuran en el espacio. Un ejemplo paradigmático lo encontramos en las hormonas sexuales, como el estrógeno y la testosterona. A primera vista, la diferencia entre estas moléculas parece mínima y se reduce a la adición de un átomo de carbono y cuatro de hidrógeno. Sin embargo, al analizar sus estructuras tridimensionales, se evidencian diferencias sutiles, pero fundamentales, en cómo estas hormonas interactúan con sus respectivos receptores y entornos biológicos.

Estas diferencias estructurales son cruciales, porque determinan la capacidad de cada molécula para acoplarse en sitios específicos de las células y desencadenar una serie de reacciones biológicas particulares. Por tanto, la forma se convierte en un lenguaje molecular que define la función. Así como el cosmos transmite información a través de patrones estructurales, las hormonas comunican sus funciones a través de la disposición espacial de sus átomos. Esto ejemplifica cómo, en el mundo biológico, la mínima variación en la configuración molecular puede tener un impacto profundo en el desarrollo de características sexuales, en la regulación de procesos metabólicos y en una amplia gama de funciones fisiológicas. La información, en esencia, es una manifestación de la forma, y esta relación entre estructura y función es la clave para comprender la complejidad de la vida a nivel molecular. Lo interesante aquí es que la información que portan estas moléculas no está dictada meramente por los átomos que las componen, sino más bien por cómo estos átomos están enlazados y organizados espacialmente. Esta organización dicta la forma tridimensional de la molécula, que a su vez es crucial para su funcionalidad. Los enlaces y configuraciones moleculares determinan cómo una hormona se acopla a su receptor específico, lo cual es esencial para transmitir señales bioquímicas dentro del cuerpo.

Además, es fundamental considerar otro aspecto subestimado con frecuencia en el estudio de las biomoléculas: sus vibraciones. Estas vibraciones moleculares no son fenómenos meramente físicos; también actúan como portadoras sutiles de información. Las vibraciones intrínsecas de cada molécula, que varían según su estructura y sus enlaces, influyen de manera decisiva en cómo interactúan entre sí y con sus entornos inmediatos, afectando su estabilidad, reactividad y, en última instancia, su funcionalidad.

En el contexto biológico, estas vibraciones moleculares juegan un papel crucial en el reconocimiento molecular. Las moléculas no solo se encuentran de forma aleatoria, sino que a menudo utilizan sus patrones vibracionales para «buscar» y «reconocer» a otras moléculas complementarias, facilitando así interacciones específicas y eficientes en el momento adecuado. Este fenómeno de reconocimiento molecular guiado por la vibración es esencial en procesos clave como el reconocimiento enzimático de sustratos, la interacción de hormonas con sus receptores y la unión de anticuerpos a antígenos.

Así, las vibraciones moleculares no solo afectan la estructura tridimensional de las biomoléculas, sino que también aportan un nivel adicional de información dinámica que optimiza sus funciones. En última instancia, estas vibraciones representan una capa oculta de comunicación molecular, mediante la cual las moléculas afinan sus interacciones en el complejo entorno celular. Esto nos permite ver que la información en la naturaleza no solo se manifiesta en la forma y la composición química, sino también en los patrones dinámicos de energía que subyacen a la estructura y funcionalidad de cada molécula.

Este dinamismo molecular es un recordatorio de que la vida misma es vibración y movimiento. Por desgracia, esta realidad vibrante y dinámica a menudo se obvia en las representaciones estáticas de moléculas en los libros de texto de química. Estas representaciones pueden llevarnos a percibir el mundo molecular como algo fijo y sin vida, cuando en realidad, es todo lo contrario. La biología molecular es un baile continuo, guiado por la forma, la función y la frecuencia de cada biomolécula participante.

Comprender estas dimensiones añade una capa de apreciación hacia la complejidad y la belleza de los sistemas biológicos, y destaca la importancia de los avances en técnicas de visualización y simulación molecular que nos permiten observar y entender estos procesos en su verdadera naturaleza dinámica.

El agua, la vida y la forma

Hace aproximadamente 4000 millones de años, la Tierra reunía las condiciones físicas óptimas para la síntesis de biomoléculas, los bloques constructores de la vida. Elementos como el carbono, el oxígeno, el hidrógeno, el nitrógeno y el azufre, en combinación con el agua, crearon un entorno propicio para la emergencia de estructuras orgánicas complejas. En este caldo primordial, el agua no solo servía como solvente, sino posiblemente también como un medio para transmitir las instrucciones necesarias para construir dichas biomoléculas.

Las biomoléculas se formaron espontáneamente, no solo porque eran las conformaciones más estables termodinámicamente, sino también porque representaban estados con menos entropía y más información. Esta organización espontánea puede haber sido influenciada por la información del Dao, a través de las fluctuaciones energéticas necesarias para la síntesis de moléculas complejas.

El agua, en este contexto, actuó como un crisol vital donde ocurrieron todas estas síntesis cruciales. Es especialmente relevante en el caso de los ácidos nucleicos, los cuales, debido a su capacidad de formar enlaces de hidrógeno entre sí y con el agua, probablemente fueron unas de las primeras biomoléculas en sintetizarse. Estos ácidos nucleicos, como el ADN y el ARN, son fundamentales debido a que no solo forman estructuras estables, sino a que también almacenan y transmiten información genética.

En la década de 1930, el científico ruso Alexander Oparin[1] propuso la hipótesis de la sopa primordial o sopa química, que postula que la Tierra primitiva tenía un océano rico en compuestos orgánicos que, impulsados por fuentes de energía como la radiación solar, el calor geotérmico y los rayos, facilitaron la evolución química que precedió al origen de la vida. Esta hipótesis sigue siendo la piedra angular en nuestros esfuerzos por entender cómo las simples moléculas inorgánicas pudieron dar lugar a las complejas estructuras que condujeron a la vida.

Estas reflexiones subrayan la importancia del agua no solo como un medio para la vida, sino como un participante activo y facilitador en la formación de la complejidad biológica desde los inicios más tempranos de nuestro planeta.

El estudio continuado de estas interacciones entre el agua y las biomoléculas en el contexto de la evolución química y biológica puede proporcionar información aún más profunda sobre el misterio del origen de la vida.

Me gustaría ahora hablarles del concepto de agua morfogénica, propuesto por el físico francés Marc Henry, que introduce una perspectiva fascinante y relativamente poco explorada sobre el papel del agua en los sistemas biológicos. Esta idea sugiere que, además de los tres estados tradicionalmente reconocidos del agua —sólido, líquido y gaseoso— existe un «cuarto estado», el cual no se ajusta completamente a ninguna de estas categorías convencionales.

Este cuarto estado del agua se manifiesta de tres formas distintas en los seres vivos: el agua líquida normal presente en el plasma y en la linfa, el agua extracelular que forma una biopelícula alrededor de las células, y el agua coherente o morfogénica dentro de las células. Esta última, también conocida como agua estructurada, forma capas de hidratación alrededor de las biomoléculas y resulta fundamental para sus funciones biológicas. Las capas de hidratación que envuelven las proteínas y el ADN no son meramente decorativas; desempeñan un rol activo en la estabilidad y funcionalidad de estas moléculas. Por ejemplo, en el caso del ADN, el agua morfogénica no solo mantiene la estructura de la doble hélice mediante la hidratación, sino que también podría influir en su capacidad para codificar y transmitir información genética. Esta agua especial rodea las moléculas de ADN de una forma muy específica, lo que sugiere que podría participar activamente en la modificación y conformación del ADN.

La noción de que el agua puede tener un papel informativo en la biología celular es revolucionaria, ya que tradicionalmente se ha visto al agua como un mero solvente biológico. Sin embargo, este concepto eleva el estatus del agua a un participante activo en los procesos celulares, donde cada capa de hidratación puede ser crucial para la función de las proteínas y el ADN. Esta perspectiva podría abrir nuevas vías en la investigación biomédica, especialmente en áreas como la farmacología, donde la comprensión de cómo el agua estructurada interactúa con otras moléculas podría llevar al desarrollo de terapias más efectivas y dirigidas. Sin duda, queda mucho por descubrir sobre cómo el agua influye en la transmisión de la información genética y otras funciones celulares. Investigar más a fondo este «cuarto estado» del agua podría no solo ampliar nuestra comprensión de la biología molecular sino también desafiar y enriquecer nuestra comprensión de la vida misma.

En este punto podemos entender que el agua es un mecanismo que ha fomentado la emergencia de las formas en la tierra. Ahora tenemos una pregunta: ¿de dónde nacen estas formas? Y su respuesta: «de los campos morfogenéticos que son campos de fuerza, campos que hacen que las partículas virtuales colapsen siguiendo un orden». Son los moldes por los cuales las partículas van colapsando y formando estructuras más complejas. Estos campos se mantienen gracias a la información que se encuentra en el Dao. Los campos morfogénicos son las fuerzas que dan forma a la materia, son la información. Esto explica que la materia tome diversas formas. Sobre esta teoría de la morfogénesis nos habla en profundidad el biólogo Rupert Sheldrake.[2] La hipótesis de los campos mórficos de Rupert Sheldrake sugiere que los organismos y sistemas naturales adquieren sus formas, patrones y comportamientos a través de campos de información invisibles, llamados campos mórficos, que actúan como «memorias colectivas» de la especie. Estos campos, según Sheldrake, permiten que un individuo esté influenciado por las experiencias y formas de generaciones anteriores mediante un fenómeno llamado «resonancia mórfica», donde los patrones aprendidos y estructurales se comparten sin depender de la distancia o genética tradicional. Aunque esta teoría es controvertida y carece de evidencia experimental concluyente, propone una interconexión profunda entre los seres vivos, que va más allá de los mecanismos físicos y biológicos conocidos. Pero como Rupert Sheldrake nunca explica de donde surgen estos campos, la pregunta sería: ¿de dónde nacen estas formas?

¿De dónde nacen estas formas?

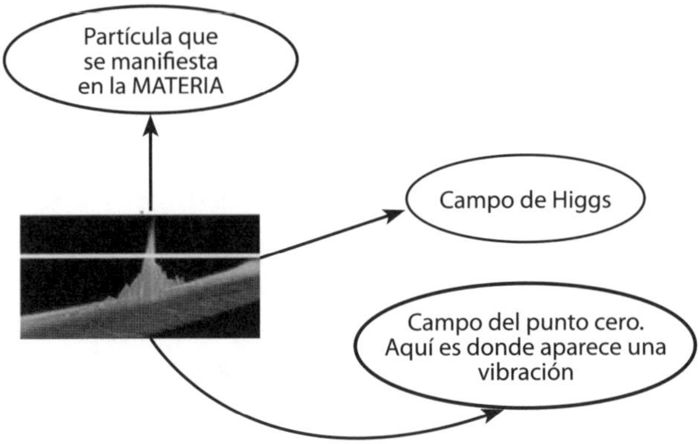

Figura 8.1.

Según la teoría cuántica estándar, la respuesta se encuentra en el campo de Higgs y en el concepto del vacío cuántico. En física cuántica, se considera que todas las fuerzas eléctricas y magnéticas son mediadas por «fotones virtuales». Estos fotones virtuales aparecen y desaparecen en el vacío cuántico, un fenómeno que podría describirse como un latido cosmológico. Este «latir» es fundamental para coagular la materia y mantenerla estable.

Esta concepción de las ondas y partículas emergiendo del vacío fue inicialmente propuesta por Louis de Broglie y Stephen Hawking, entre otros, quienes sugirieron que la radiación, como la luz, podría tener partículas asociadas, conocidas hoy como fotones. Aunque la idea de Broglie no despertó gran interés inicialmente debido a la falta de evidencia experimental directa en aquel momento, fue revolucionaria y eventualmente reconocida como fundamental para la física moderna. De hecho, Louis de Broglie fue galardonado con el Premio Nobel de Física en 1929, cinco años después de que Albert Einstein reconociera la importancia de su trabajo. Este enfoque destaca cómo a menudo las contribuciones significativas a la ciencia no son inmediatamente apreciadas o entendidas, lo que puede dar lugar a paradojas en los reconocimientos de los descubrimientos científicos.

En resumen, las formas en el universo emergen de interacciones complejas en el vacío cuántico, mediadas por campos y partículas como el campo de Higgs y los fotones virtuales, un proceso que subraya la interconexión fundamental y dinámica de la materia a nivel cuántico.

Todas las moléculas, de los organismos vivos, todas las membranas celulares, todos los impulsos nerviosos y, en realidad, todos los procesos electromagnéticos y químicos dependen en última instancia de los fotones virtuales que emergen y desaparecen dentro del campo vacío de la naturaleza que todo lo impregna (Laszlo, E., 2004). Esta continua trasferencia de la nada a la materia, este palpitar del vacío-Dao, es el fenómeno que hace que la materia se compacte en formas y esas formas están generadas por los campos morfogenéticos. Son, como dice J. Wagensberg, una «nervura», pues son campos de atracción y, en última instancia, actúan como interacciones.

Si toda la materia subatómica del mundo está interactuando con este campo del punto cero, estas ondas imprimen constantemente un registro de todas las formas, de todas las cosas. Las cosas son la «materia» y las formas, su memoria. De todo lo dicho se desprende que, la naturaleza —entendida como todo el cosmos— posee una inteligencia intrínseca que construye las cosas, pues las cosas son la memoria de esa función intrínseca de la propia naturaleza.

Esas partículas que aparecen y desaparecen están en continuo contacto con las demás partículas que han ido apareciendo. Por lo tanto, la materia básica de la existencia está en contacto directo con el campo del punto cero. Estos átomos forman moléculas y estas estructuras mayores acaban generando materia.

Pero ¿cómo se organiza toda esta estructura tridimensional que es la materia? ¿Qué organización lleva? Son campos de información que provienen del Dao que, como recordará, en este ensayo los asociamos con el campo del punto cero (la fuerza creativa que explicamos en el postulado 8). El campo del punto cero es información y esta información son las ondas que trasmiten las formas a modo de esquemas que ayudan a los fotones a organizar la materia.

La materia es irrelevante, el campo energético lo es TODO.

—A. Einstein.

Aquello que aporta información correcta a un sistema eleva su nivel de energía y lo equilibra, lo que aporta información errónea reduce su energía y lo desequilibra. Es decir, las informaciones ordenadas y coherentes sostienen la salud y las informaciones desordenadas provocaban enfermedad, [...]. Hemos de tomar conciencia de que poseemos un campo de energía que sustenta nuestra salud física.

—L. Messean.[3]

El origen

Cuando una partícula «virtual» del Dao emerge en el cosmos, es crucial recordar que su aparición no se limita a un único evento en un «aquí y ahora» definido; más bien, el universo siempre ha estado en un estado constante de fluctuación. ¿Pero qué ocurre exactamente cuando surge una partícula? ¿Cuál es su propósito, si es que tiene alguno? ¿Por qué aparece en primer lugar? Lo que hace una partícula, fundamentalmente, es esforzarse por mantener su existencia. Su propósito esencial es la emergencia misma: surgir del vacío cuántico y manifestarse en nuestra realidad observable. Este proceso de emerger y esforzarse por persistir refleja la dinámica intrínseca del universo, donde la existencia y la perpetuación son impulsadas, no por un propósito predefinido, sino por las propiedades inherentes de las partículas y las leyes fundamentales que rigen el cosmos.

En palabras de H. Puthoff:[4] «La interacción del campo del punto cero (CPC) constituye un estado de vacío subyacente y estable, un "primer escalón" en el que la subsiguiente interacción del CPC simplemente reproduce el estado existente basándose en un equilibrio dinámico».

Postulado 17

«El Dao da permanencia y emergencia al cosmos».

Por lo tanto, ya hemos identificado dos conceptos fundamentales del fenómeno del origen y del sentido de la vida: la «permanencia» y la «emergencia», eso es el objetivo último de la materia. Pero surge una pregunta esencial: ¿por qué ocurre todo esto? Las primeras partículas no solo emergen y desaparecen, sino que también están en constante movimiento, provocando vibraciones en el tejido de la naturaleza. Este movimiento primordial no es aleatorio, es el pulso vital que sustenta el dinamismo universal: postulado 1.

Este constante ir y venir de partículas es lo que inyecta movimiento al cosmos y lo mantiene en un estado de flujo perpetuo. Este proceso es fundamental para comprender cómo la materia no solo aparece, sino que se esfuerza por persistir en el tiempo, resonando a través del espacio en un zangoloteo primordial que es esencial para la estructura del universo. Un movimiento espontáneo entre el campo del punto cero y la materia.

Las cosas interactúan los unas con las otras y se generan otras nuevas cosas gracias a esas interacciones que confluyen en nuevos campos de fuerza que van compactando la materia, lo importante después es permanecer, y de ello da cuenta el darwinismo, una vez que están generados los cuerpos, las leyes de la evolución se imponen, y no solo evolucionan los organismos vivos, también las partículas y todo el cosmos.

El mundo de las partículas es un mundo extraño, donde las leyes de la permanencia son complejas, sabemos que la estabilidad del protón se debe a una ley fundamental de la propia naturaleza, a saber, el número bariónico.[5] Significa que la suma de los números bariónicos de todas las partículas iníciales es la misma que la suma para el conjunto de las partículas después de la interacción. En cada selección intervienen leyes diferentes, es importantísimo tener esto bien claro.

Campos morfogénicos

Es hora de explicar bien qué son los campos morfogénicos, para tal fin será necesario presentar los trabajos de Rupert Sheldrake,[6] considerado uno de los biólogos más controvertidos de nuestra época.[i] En la actualidad, sus teorías no solo están revolucionando la rama científica de su campo, en este caso la morfogénesis, sino que se están aplicando a otras disciplinas como la física y la psicología, y me permiten enlazarlas a la perfección con lo que estoy exponiendo en este ensayo. En el capítulo anterior hablaba de las formas y la morfogénesis, mientras realizaba un estudio científico de las mismas. La definición sería: conjunto de procesos embrionarios que determinan el desarrollo de los órganos y la forma general de un organismo. Aunque los trabajos de Rupert van más allá de las estructuras orgánicas, resulta interesante hablar de su obra antes de adentrarme en mi teoría. En su libro —para mí fundamental—, *Una nueva ciencia de la vida*, Sheldrake toma posiciones en la corriente organicista holística clásica, sustentada por nombres como Von Bertalanffy —y su teoría general de sistemas— o Russell, para cuestionar, de forma tajante, la visión mecanicista que da por explicado cualquier comportamiento de los seres vivos mediante el estudio de sus partes constituyentes y la posterior reducción de estos a leyes químicas y físicas. Tengo que decir que, si bien las teorías de Rupert sobre la causación formativa son muy importantes para mí, no digo que apoye todas sus teorías y reflexiones posteriores; primero, porque no pertenecen a mi campo y no las comprendo y, segundo, porque no me interesan. Sin embargo, su forma de ver cómo se forman las cosas coincide con la teoría expuesta en este libro y la complementa. Sheldrake, propone la idea de los campos morfogenéticos, que ayudan a comprender cómo los organismos vivos y sistemas no vivos adoptan sus formas. Los campos morfogenéticos son campos de forma: campos, patrones o estructuras de orden. Estos campos organizan no solo los campos de organismos vivos, sino también los de cristales y moléculas. En este sentido le dan la forma.

[i] Soy consciente de que no goza de muy buena reputación en el mundo académico, sin embargo, también me doy cuenta de que es lo que suele suceder cuando alguien osa señalar un camino nuevo en ciencia.

Toda estructura con moléculas organizadas en una formación regular y repetitiva se denomina cristal, algunos de los cuales tienen una estructura fluida que recibe el nombre de cristal líquido. Cada tipo de molécula, cada proteína, por ejemplo, tiene su propio campo mórfico: un campo de hemoglobina, un campo de insulina, etc. Lo mismo ocurre con cada tipo de cristal. Estos campos son los que ordenan la naturaleza, son la información que está en el Dao y se reflejan en el cosmos. Hay muchos tipos de campos porque hay muchos tipos de cosas y patrones en la naturaleza. Observe, por ejemplo, un anticuerpo, ¿por qué tiene esa forma? Según Sheldrake la respuesta está en su campo.

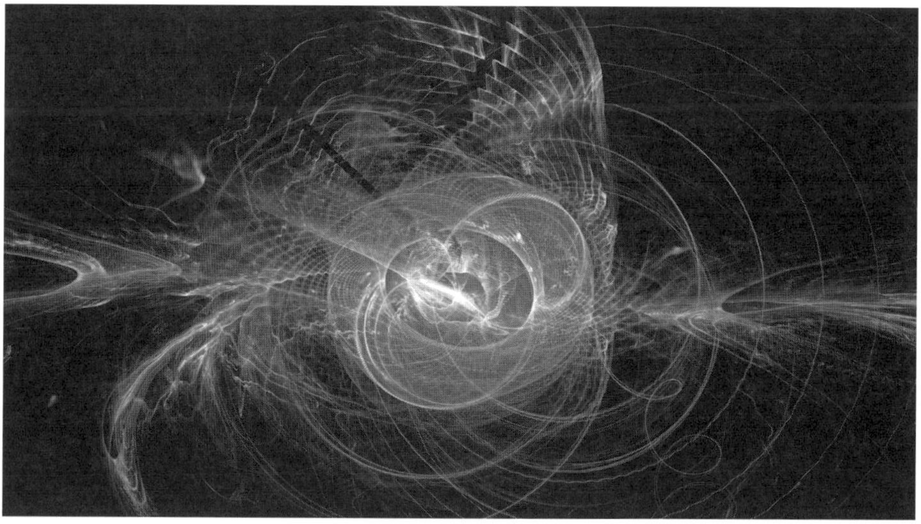

Figura 8.2.

La gran contribución de Sheldrake radica en haber recopilado ideas previas sobre los campos morfogenéticos, formuladas inicialmente por Weiss en 1939, y estructurarlas en una teoría coherente y potencialmente demostrable. En su obra de 1981, presenta la hipótesis de la resonancia mórfica, según la cual los campos mórficos son campos de información que influencian la organización y el comportamiento de los sistemas biológicos y no biológicos, guiando su desarrollo y patrones. Desde entonces, se han realizado numerosos experimentos con el objetivo de validar o refutar esta hipótesis. Ahora bien, para profundizar en esta teoría, es fundamental comprender qué son los campos morfogenéticos en esencia, más allá de sus efectos. Según Sheldrake, son patrones de información que trascienden la materia y permiten que las formas, comportamientos y habilidades se transmitan y perpetúen en cada especie, conectando a los individuos en una suerte de memoria colectiva que moldea su realidad. ¿Qué es un campo morfogenético?

Los campos morfogenéticos o campos mórficos llevan información, no energía, y son utilizables a través del espacio y del tiempo sin pérdida alguna de intensidad después de haber sido creados. Son campos no físicos que ejercen influencia sobre sistemas que presentan algún tipo de organización inherente. Y se encuentran en su esencia en el Dao que se proyectan en el cosmos.

Aquí tengo que puntualizar dos cosas determinantes:

a) no son energía
b) no son físicos

Entonces no son ni materia ni energía, son el depósito de las formas que emergen del campo del punto cero.

La teoría de la causación formativa se centra en cómo las cosas toman sus formas o patrones de organización. Por tanto, abarca la formación de galaxias, átomos, cristales, moléculas, plantas, animales, células, sociedades, etc. Cubre todas las cosas que tienen formas, patrones, estructuras o propiedades autoorganizativas. Todo esto se organiza por sí solo. Un átomo no tiene que ser creado por ningún agente externo, se organiza solo. Los seres humanos no organizan pieza por pieza una molécula o un cristal, sino que se cristalizan de forma espontánea. Todas estas cosas son diferentes de las máquinas que sí son artificialmente ensambladas por seres humanos.

Esta teoría trata sobre sistemas naturales autoorganizados y el origen de las formas. Rupert comenta que: «asumo que la causa de las formas es la influencia de campos organizativos, campos formativos, que llamo campos mórficos. El rasgo principal es que la forma de las sociedades, ideas, cristales y moléculas depende de la manera en que se han organizado en el pasado tipos similares. Hay una especie de memoria integrada en los campos mórficos de cada cosa autoorganizada. Concibo las regularidades de la naturaleza como hábitos, más que como cosas gobernadas por leyes matemáticas eternas, que existen de alguna forma fuera de la naturaleza» (Sheldrake, 1981).

Postulado 18

«El Dao proyecta su información a través de la historia».

¿Cómo funcionan los campos morfogenéticos?

Los campos morfogenéticos actúan sobre la materia imponiendo patrones restrictivos sobre procesos energéticos cuyos resultados son indeterminados o probabilísticos. Por ejemplo, dentro de un sistema dado, un proceso fisicoquímico puede seguir diversos caminos posibles, es decir, diferentes configuraciones, la pregunta sería ¿qué es lo que hace al sistema optar por una de estas configuraciones y no por otras? Desde el punto de vista mecanicista, esta elección estaría en función de las diferentes variables fisicoquímicas que influyen en el sistema: temperatura, presión, sustancias presentes, polaridad, etc., cuya combinación decantaría el proceso por un camino determinado, en este sentido el mecanicismo declararía que si fuese posible controlar todas las variables en juego se podría predecir el resultado final del proceso. Sin embargo, no es así, si bien la física newtoniana nos hizo creer que esto sería posible, hoy sabemos que la física cuántica señala otros sucesos. En este sentido, el resultado final queda sujeto al azar convirtiéndose en un suceso probabilístico, algo cuantificable únicamente mediante análisis estadístico. Pues bien, el campo morfogenético relacionado con el sistema reducirá considerablemente la amplitud probabilística del proceso llevando el resultado en una dirección determinada. Tal como Rupert Sheldrake explica en su libro *La presencia del pasado*, que los campos mórficos funcionan modificando eventos probabilísticos. Esto ocurre porque el Dao lleva consigo el peso de su propia historia: los eventos y experiencias se graban en patrones que se integran en el Dao mismo, el cual, a su vez, crea nuevos patrones. De este modo, la probabilidad se restringe cada vez más a estos patrones, que persisten siempre y cuando la evolución y el entorno les sean favorables. Así, el Dao actúa como un depósito dinámico de memoria y cambio, donde la continuidad y la adaptación convergen en una danza de patrones que reflejan y moldean la realidad.

Gran parte de la naturaleza exhibe un comportamiento inherentemente caótico, no sujeto a una determinación rígida. Fenómenos como la dinámica de las olas, los patrones atmosféricos, el flujo turbulento de los fluidos y el comportamiento impredecible de la lluvia, ejemplifican esta indeterminación, similar a los eventos cuánticos descritos en la teoría cuántica. Por ejemplo, en el caso del decaimiento del átomo de uranio, es imposible predecir si este ocurrirá hoy o en los próximos 50 000 años, la predicción es meramente estadística.

Los campos mórficos, sugieren una modificación de las probabilidades de eventos aleatorios. En vez de un panorama de gran aleatoriedad, estos campos parecen enfocar la casualidad, haciendo que ciertos eventos sean más probables en comparación con otros.

Además, sostengo que el mecanicismo y la teoría de los campos mórficos de Sheldrake no son conceptos excluyentes, sino que se complementan de manera efectiva, porque ofrecen una explicación integral de la realidad. A continuación, analizaremos esta relación en detalle, punto por punto:

Cuando se elige el camino A (figura 8.3), este comienza a acumular mayor peso informativo, lo que influirá en decisiones futuras relacionadas con situaciones similares. En consecuencia, la próxima vez que se presente un dilema similar, ya habrá un campo establecido que predispondrá la elección hacia el fenómeno A. Explicaré más adelante cómo ocurre exactamente este proceso. Por ahora, es importante que el lector comprenda el concepto de «peso informativo»: existe un acúmulo de información que genera un sesgo en las acciones futuras, representado por lo que llamamos un campo mórfico dentro del CPC (campo del punto cero). No obstante, si el campo ha ganado peso a favor de A, esto también implica que A comenzará a interactuar con otras moléculas que operan bajo diferentes campos y a generar dilemas similares en otros contextos (figura 8.4).

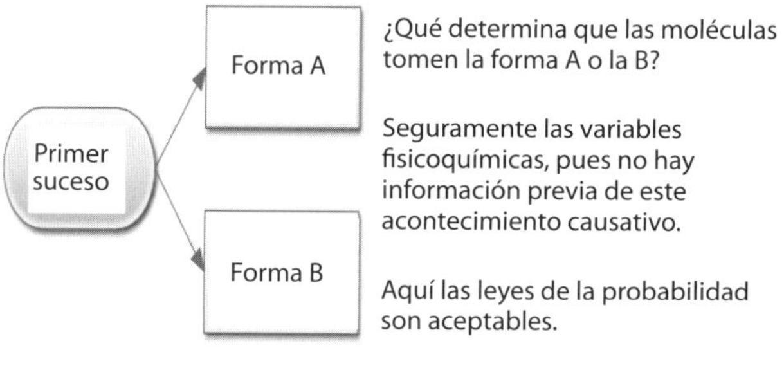

Figura 8.3.

Esto genera moléculas cada vez más complejas que se compactan, siguiendo ese orden —un orden que emergió de una probabilidad que el propio campo va reduciendo—, por eso al final tenemos tantas formas repetitivas iguales que, poco a poco, se van diferenciando hasta alcanzar la complejidad del cosmos, del hidrógeno al uranio, desde una proteína hasta una célula y desde una célula hasta un ser humano. Y dentro de cada forma manifestada, no existe una idénticamente igual a la otra. Me explico:

usted es un ser humano igual que yo, tiene mi misma forma, sin embargo, no somos iguales. Nuestros campos comparten la misma información, pero nuestro entorno nos inyecta ciertas diferencias y, de este modo, genera la evolución de las formas. Esta evolución diferencial es más notable en los sistemas más complejos y menos en los más simples.

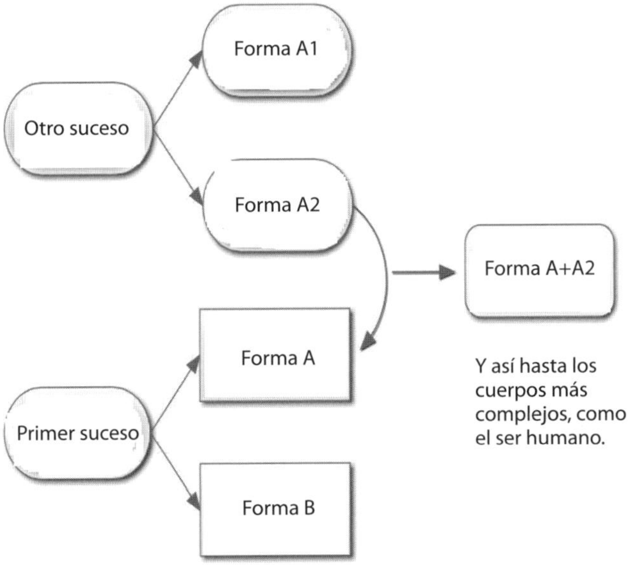

Figura 8.4.

Hay un trabajo en biología llamado el «juego de la vida», que es un autómata celular diseñado por el matemático británico John Horton Conway en 1970. Un juego de cero jugadores, en el que su evolución se determina por un estado inicial y no requiere intervención adicional. Se considera un sistema «Turing completo» que puede simular cualquier otra máquina de Turing.[7] El juego de la vida también se conoce como «el autómata celular de Conway» o simplemente el juego de Conway. Este juego es un ejemplo de un sistema dinámico que simula la evolución de una población de células en una rejilla bidimensional, de algún modo ilustra como se va creando la realidad por acúmulo de información.

Conceptos básicos

- **Rejilla:** El juego se desarrolla en una rejilla bidimensional infinita de celdas cuadradas, cada una de las cuales puede estar en uno de dos estados posibles: viva o muerta.
- **Vecindad:** Cada celda tiene ocho vecinas, que son las celdas adyacentes horizontal, vertical y diagonalmente.
- **Generaciones:** El juego avanza en una serie de pasos o generaciones y el estado de todas las celdas se actualiza simultáneamente en cada paso según un conjunto de reglas.

Reglas del Juego

- **Supervivencia:** Una célula viva con dos o tres vecinas vivas permanece viva para la siguiente generación.
- **Muerte por soledad:** Una célula viva con menos de dos vecinas vivas muere en la siguiente generación.
- **Muerte por sobrepoblación:** Una célula viva con más de tres vecinas vivas muere en la siguiente generación.
- **Nacimiento:** Una célula muerta con exactamente tres vecinas vivas se convierte en una célula viva en la siguiente generación.

Dinámica del Juego

- **Inicio:** El juego comienza con una configuración inicial de celdas vivas y muertas.
- **Evolución:** La configuración inicial evoluciona a través de las generaciones según las reglas, creando patrones que pueden ser estáticos, oscilatorios o caóticos.

Patrones Comunes

- **Bloques:** Formaciones de celdas vivas que permanecen inalteradas (ej. «bloque», «colmena»).
- **Osciladores:** Formaciones que vuelven a su estado original después de un número fijo de generaciones (ej. «parpadeador», «sapo»).
- **Naves espaciales:** Patrones que se trasladan a través de la rejilla (ej. «planeador»).

Importancia y Aplicaciones

El juego de la vida es interesante porque, a pesar de su simplicidad, puede producir comportamientos muy complejos. Ha sido estudiado en diversas áreas como la teoría de la computación, la teoría de sistemas complejos y la biología. Los patrones emergentes en el juego pueden simular procesos naturales, ofrecer información sobre sistemas autoorganizados y proporcionar una plataforma para experimentar con conceptos de computación. Podemos establecer una analogía entre la teoría de los campos mórficos expuesta anteriormente y el juego de la vida de John Conway para ilustrar cómo los campos mórficos podrían actuar de manera semejante a los patrones observados en el mencionado juego.

Analogía entre campos mórficos y el juego de la vida

- **Organización y patrones:**
  - **Juego de la vida:** En el juego de la vida, emergen patrones complejos a partir de reglas simples aplicadas a las celdas de una rejilla. Estos patrones pueden ser estáticos, oscilatorios o móviles, y dependen de las interacciones locales entre celdas vecinas.
  - **Campos mórficos:** De manera similar, los campos mórficos se organizan y guían el desarrollo de formas y comportamientos en sistemas vivos. Estos campos contienen una memoria colectiva de formas y patrones previos, que influyen en la organización actual del sistema. En este sentido, en los campos mórficos hay memoria que se deposita en el Dao.

- **Interacciones locales e influencia global:**
  - **Juego de la vida:** Cada celda de la rejilla se actualiza basándose únicamente en el estado de sus vecinas inmediatas. A pesar de esta simplicidad, pueden surgir patrones complejos que parecen tener una organización global.
  - **Campos mórficos:** Los campos mórficos actúan de manera global y no están limitados por el espacio o el

tiempo. La resonancia mórfica permite que las formas y patrones pasados influyan en los presentes, sin necesidad de interacciones locales directas, en este sentido son más potentes a la hora de generar estructuras más complejas.

- **Memoria y evolución de patrones:**
  - **Juego de la vida:** Los patrones de este juego evolucionan de generación en generación según las reglas del juego, sin una memoria explícita del estado anterior más allá de la configuración actual de la rejilla.
  - **Campos mórficos:** En contraste, los campos mórficos postulan una memoria colectiva acumulada de todos los patrones anteriores. Esta memoria influye en las configuraciones actuales, sugiriendo que los sistemas pueden «recordar» las formas y comportamientos pasados.

3. **Emergencia de complejidad:**
   - **Juego de la vida:** La complejidad emergente en el juego demuestra cómo reglas simples pueden generar estructuras complejas y autoorganizadas.
   - **Campos mórficos:** De manera similar, los campos mórficos explican la emergencia de complejidad en sistemas biológicos y sociales, argumentando que la autoorganización y los patrones complejos surgen debido a la influencia de una memoria colectiva y resonante.

Ejemplo Ilustrativo

Imaginemos un patrón simple en el juego de la vida, como una especie de «planeador» que se mueve a través de la rejilla siguiendo reglas específicas. En términos de campos mórficos, podríamos imaginar que el planeador es un patrón que ha «resonado» a través de generaciones, manteniendo su forma y comportamiento debido a la influencia de todos los planeadores que existieron antes.

Conclusión

Aunque el juego de la vida de Conway y la teoría de los campos mórficos provienen de contextos muy diferentes y están basados en fundamentos teóricos distintos, ambos exploran cómo patrones complejos y organizados pueden surgir a partir de principios simples. La resonancia mórfica se puede ver como una extensión de la idea de los patrones emergentes del juego de la vida, sugiriendo que existe una influencia más allá de las interacciones locales inmediatas, basada en una memoria colectiva y resonante.

Esta analogía puede ayudar a visualizar cómo los campos mórficos podrían operar, utilizando la familiaridad y simplicidad del juego de la vida como un modelo conceptual.

Capítulo 9

El Dao y la vida

Tradicionalmente han existido tres corrientes filosóficas sobre la naturaleza biológica de la vida: vitalismo, mecanicismo y organicismo. El vitalismo sostiene que en todas las formas de vida existe un factor intrínseco-evasivo, inestimable y no medible que activa la vida, en este sentido el vitalismo es dualista. Hans Driesch, biólogo y filósofo alemán y principal precursor del vitalismo tras el cambio de siglo, llamaba a ese misterioso factor causal **entelequia**, que se hacía especialmente evidente en aspectos del desarrollo del organismo como la regulación, regeneración y reproducción. La forma clásica del vitalismo, tal como fue expuesta por numerosos biólogos a principio de siglo, en especial por Driesch, ha sido severamente criticada por su carácter acientífico. Según Karl Popper, los criterios para establecer el estatus científico de una teoría son su capacidad de ser falseada, su refutabilidad y su demostrabilidad. Así, el vitalismo no estaba cualificado, ya que ese nuevo factor causal indeterminado no podía ser demostrado en modo alguno. En 1951, Ernest Nagel, un filósofo de la ciencia, escribió en su libro *Philosophy of Scientific Method:* «El grueso del vitalismo [...] es ahora una cuestión extinguida [...] no tanto quizás por el criticismo filosófico y metodológico que se ha elevado contra su doctrina, sino por la infertilidad del vitalismo para guiar la investigación biológica y por la superioridad heurística de enfoques alternativos».

A menudo se dice que, aunque numerosos biólogos se dicen vitalistas, en la práctica son mecanicistas en el laboratorio, dada la exigencia de la investigación científica de demostrar sus experimentos con parámetros medibles de la física y la química.

Actualmente, el enfoque ortodoxo de la biología viene dado por la teoría mecanicista de la vida: los organismos vivos se consideran máquinas fisicoquímicas y todos los fenómenos vitales se pueden explicar, en principio, con leyes físicas y químicas. De hecho, esta es la posición reduccionista que sostiene que los principios biológicos se pueden reducir a leyes fijas y eternas de estas dos ramas de la ciencia. La ortodoxia científica se adhiere a esta teoría, porque ofrece un marco de referencia idóneo en el que numerosas preguntas sobre los procesos vitales se pueden responder y porque ya se ha invertido mucho en ella. Las raíces del mecanicismo son muy profundas.

Incluso si se admitiese que el enfoque mecanicista está severamente limitado no solo en la práctica, no se podría abandonar y ya está; actualmente es el único método disponible para la biología experimental y, sin duda, se seguirá utilizando hasta que haya alguna alternativa más positiva. Es ahí donde surge el organicismo u holismo que niega que los fenómenos de la naturaleza se puedan reducir exclusivamente a leyes fisicoquímicas, que no pueden explicar la totalidad del fenómeno vital. En cambio, reconoce la existencia de sistemas jerárquicamente organizados con propiedades que no se pueden comprender mediante el estudio de partes aisladas, sino en su totalidad e interdependencia. De ahí el término holismo, que proviene de la palabra inglesa whole [todo]. En cada nivel, el total energético es más que la suma de las partes, hay un factor adicional que escapa a esta metodología, existe un «algo» que emerge.

El organicismo se ha desarrollado bajo diversas influencias, por ejemplo, de sistemas filosóficos como los de Alfred North Whitehead y J.C Smuts, de la psicología Gestalt, de conceptos como los campos físicos y de parte del mismo vitalismo de Driesch. El organicismo trata los mismos problemas que Driesch decía que eran insolubles en términos mecanicistas, pero mientras él proponía la entelequia no-física para explicar la totalidad y directividad de los organismos, los organicistas proponían el concepto de los campos morfogenéticos (o embrionados o de desarrollo), como explicamos en el capítulo anterior con las ideas Sheldrake

Teoría unificada organicista del principio vital y el Dao

Vamos a intentar analizar las visiones actuales a nivel filosófico sobre el origen de la vida y cómo de todas se puede extraer alguna idea que al final converja con nuestro monismo neutral.

Históricamente, el vitalismo suele argumentar que la vida no se puede explicar completamente por las leyes de la física y la química y postula la existencia de una fuerza vital única, como la entelequia de Hans Driesch. Aunque se ha criticado, y en gran parte abandonado, el vitalismo clásico debido a su falta de predicciones demostrables y su refutabilidad, se desecha la dualidad intrínseca del dualismo, sin embargo, la perspectiva moderna del campo del punto cero ofrece un nuevo marco para reconsiderar estos principios vitales. En nuestra perspectiva, no es una fuerza vital separada del cuerpo, al estilo de un alma, es una fuerza latente que interactúa con la misma materia, de ahí un monismo.

El vitalismo y el monismo son conceptos filosóficos que, aunque no están directamente relacionados, pueden llegar a solaparse en algunos sistemas de pensamiento, dependiendo de cómo se interpreten:

- **Vitalismo:** Esta es la doctrina que sostiene que los organismos vivos no se pueden explicar solo a partir de las leyes de la física y la química, porque poseen una «fuerza o energía vitales» que los distingue de la materia inerte. Según el vitalismo, esta fuerza es responsable de las características únicas de la vida, como el crecimiento, la reproducción y el metabolismo, que no se encuentran en los objetos no vivos. En el vitalismo, esta «fuerza vital» se entiende a menudo como algo no reducible a componentes materiales, lo que plantea una dualidad entre lo físico y lo vital.

- **Monismo:** El monismo, en términos generales, es la creencia de que la realidad última está compuesta por una sola sustancia o principio. Esto puede tomar varias formas:
  - **Monismo materialista:** Sostiene que solo existe lo físico o material, y todas las experiencias y fenómenos, incluida la vida y la mente, se reducen a interacciones materiales.
  - **Monismo idealista:** Afirma que solo lo mental o espiritual es fundamental, y el mundo físico es una manifestación o construcción de la mente.
  - **Monismo neutral:** Sugiere que la realidad es una sola sustancia que no es ni estrictamente material ni mental, sino una esencia neutra que puede manifestarse de ambas formas.

¿Está el vitalismo asociado al monismo?

El vitalismo clásico no se ajusta de forma natural a un monismo estricto, porque postula la existencia de una «fuerza vital» que no es material y que gobierna la vida, lo cual introduce una dualidad entre lo vital y lo físico. En ese sentido, el vitalismo tradicional se alinea más con una forma de «dualismo», en el cual existe una distinción fundamental entre la «fuerza vital» y la materia inerte.

Sin embargo, algunos sistemas filosóficos modernos han intentado reconciliar el vitalismo con formas de monismo, postulando que la «fuerza vital» podría ser una manifestación de la misma sustancia fundamental que compone el universo, aunque en una forma que solo se manifiesta en organismos vivos. Este enfoque podría interpretarse como un monismo neutral en el que la realidad última tiene la capacidad de manifestarse como materia y como «fuerza vital», sin necesidad de una distinción dualista estricta. En conclusión, el vitalismo tradicionalmente no se asocia con el monismo, debido a que postula una dualidad entre la materia y la «fuerza vital». Sin embargo, interpretaciones modernas intentan encontrar un terreno común, sobre todo bajo el prisma del monismo neutral o mediante conceptos que entienden la vida como una manifestación especial de una realidad unitaria subyacente.

En este sentido, la teoría del campo del punto cero propone que el «zangaloteo cuántico» puede ser una manifestación contemporánea de la fuerza vital antigua, que nosotros identificamos como fuerza de vida. Esta actividad cuántica subyacente podría ser el mecanismo mediante el cual se ejerce la influencia vitalista en los organismos vivos, lo que sugiere que la vida es más que la suma de sus partes químicas y físicas también es información y movimiento, imprimido por las propias leyes de la física cuántica.

Contrariamente a la infertilidad acusada del vitalismo, la incorporación de conceptos cuánticos en biología puede abrir nuevas vías para investigar cómo las influencias cuánticas afectan a los procesos biológicos a nivel celular y molecular. Experimentos en la interfaz de la cuántica y la biología, como los efectos del entrelazamiento y la coherencia en la fotosíntesis y en la navegación de las aves, demuestran que la mecánica cuántica tiene aplicaciones prácticas en la comprensión de la vida y revitaliza el concepto de una fuerza vital en términos científicos modernos.

A pesar del progreso en la biología molecular, persisten numerosos fenómenos, como la autoorganización, la regeneración y la consciencia, que aún no se comprenden completamente bajo un modelo mecanicista. La teoría del campo del punto cero, al ofrecer un enfoque que incorpora dimensiones tanto físicas como no físicas, puede proveer un marco más holístico para abordar estas complejidades. Aunque el vitalismo clásico fue criticado por Karl Popper por su falta de falsabilidad, la integración de conceptos de campos cuánticos proporciona un nuevo paradigma que es investigable y potencialmente falsable a través de tecnologías avanzadas y experimentación en física y biología cuántica.

En resumen, aunque el vitalismo tradicional enfrentó críticas significativas, su reinterpretación a través de la lente de la física cuántica y la teoría del campo del punto cero ofrece una oportunidad para redimir y modernizar la idea de una fuerza vital intrínseca, porque proporciona un enfoque fresco y potencialmente fructífero para la investigación científica en la naturaleza de la vida encuentra un monismo neutral que puede aliarse y fortalecerse con sus ideas.

En la teoría unificada que proponemos, el «zangaloteo cuántico» del campo del punto cero se considera como la manifestación contemporánea de la fuerza vital. Esta actividad cuántica no es simplemente un fenómeno aleatorio sino un componente esencial que impulsa y sustenta la vida a nivel microscópico. Se considera que esta fuerza es una dinámica intrínseca que interconecta y da vida a todas las estructuras biológicas, desde células individuales hasta organismos completos y también aporta dinamismo a las sustancias no vivas.

Sin embargo, hay otra mirada filosófica también encaja en esta teoría: el organicismo. Siguiendo los principios del organicismo, esta teoría sostiene que la vida debe entenderse como sistemas organizados jerárquicamente. Cada sistema, ya sea una célula, un órgano o un organismo completo, posee propiedades emergentes que no se pueden predecir solo por el conocimiento de sus partes componentes. La interacción entre estas partes da lugar a nuevas propiedades y funciones que no se pueden reducir a acciones individuales. El organicismo habla de la fuerza vital una vez que se ha manifestado en la unidad mínima de vida, la célula, sin embargo, no explica cómo surge la vida. El vitalismo dice que esa vida surge por esa alma que se inyecta en la materia, mientras que para el monismo neutral la vida es una consecuencia lógica de esa sustancia primogénita que evoluciona y la vida es una emergencia natural del proceso del propio cosmos, y va más lejos, pues el propio cosmos es un sistema vivo.

En cada nivel de organización el enfoque holístico enfatiza la importancia de considerar la totalidad e interdependencia de los sistemas para comprender plenamente la vida. El principio vital, en este contexto, actúa como un catalizador que no solo sustenta la estructura física, sino también la funcionalidad y la evolución de los sistemas vivos, a través de los campos mórficos.

En la teoría unificada que proponemos, se reconoce que las propiedades emergentes de los sistemas biológicos surgen de la interacción compleja entre los componentes materiales y los campos cuánticos generados por el zangoloteo cuántico y manifestados en los campos mórficos que dan lugar a las formas. Cada cosa por separado carece de la vida del sistema, la vida es una emergencia pulsatoria del sistema.

Estos campos mórficos no solo influyen en la estabilidad y el comportamiento de las partículas subatómicas sino también en la organización y el desarrollo biológico a escalas mayores. La teoría busca superar las críticas de infertilidad científica del vitalismo clásico al proponer métodos y experimentos que pueden explorar y potencialmente falsar la influencia de los campos mórficos en los procesos biológicos. Por ejemplo, los experimentos que muestren cómo cambios en los campos mórficos afectan directamente la regeneración celular o la dinámica de los sistemas nerviosos podrían proporcionar evidencia tangible de esta fuerza vital basada en el monismo.

En conclusión, la teoría unificada es una mezcla entre el monismo neutral y el organicismo, esa fuerza vital es el resultado de la propia evolución del cosmos. Esta teoría ofrece un enfoque prometedor para futuras investigaciones en biología, física y filosofía de la ciencia.

«La vida»

Definición de la vida según la NASA: La NASA ha adoptado una definición de vida bastante práctica, orientada a sus misiones de búsqueda de vida extraterrestre. Según esta definición, la vida es un sistema químico autosostenido capaz de experimentar la evolución darwiniana. Esta definición es útil en el contexto de la astrobiología porque es suficientemente amplia para incluir formas de vida potencialmente muy diferentes de las que conocemos en la Tierra, pero específica en su énfasis en la autoperpetuación y la adaptación, características fundamentales de la vida tal como la entendemos.

Definición de la vida según Erwin Schrödinger —uno de los pioneros de la mecánica cuántica, que también exploró los fundamentos de la biología—: En su influyente libro *¿Qué es la vida?*, Schrödinger define la vida en términos de la física y la química como un orden basado en el desorden. En su visión, la vida se distingue por su capacidad para mantener y perpetuar el orden a través de una estructura extremadamente ordenada y regulada, que él describe como un orden derivado del orden. Schrödinger destacó la importancia de la información genética antes de que se comprendiera completamente el papel del ADN y sugirió que la vida depende de la información molecular almacenada para mantener el orden y gestionar la entropía.

Todos los biólogos que han estudiado el origen de la vida, desde Oparin hasta Sheldrake, se enfrentaron a interrogantes fundamentales: ¿Cómo surge el movimiento inicial? ¿Cómo y por qué se combinan las moléculas? ¿En qué momento se activan? Y, lo más crucial, ¿cuándo emerge eso que denominamos vida? Considere por un momento que usted, o más específicamente, los átomos que lo componen llevan en movimiento no solo miles, sino millones de años. Si esto no fuera así, usted no estaría en este momento leyendo este libro. ¿Alguna vez se lo ha preguntado? Usted es LUCA (*Last Universal Common Ancestor*, o último antepasado común universal) o, mejor dicho, proviene de la primera sustancia orgánica e inorgánica que siempre estuvo en movimiento, transmitida de generación en generación. La vida nunca se ha detenido, desde que apareció LUCA; de hecho, si se hubiera detenido, usted no estaría aquí ahora. Piénselo bien, desde que apareció la vida, como la entendemos en este planeta, nunca ha dejado de existir. La vida salta de ser en ser en eso que llamamos reproducción. El ser muere, pero la vida no. Podemos decir que la vida es una enfermedad mortal de transmisión sexual; el cuerpo perece, la vida no. Desde LUCA, pasando por todo el árbol filogenético, la vida se ha manifestado en usted. Usted es un *continuum* existencial y si ha dejado descendencia, esa fuente, ese linaje, aún sigue en este cosmos. Pero ¿de dónde emergió LUCA? Carl Sagan nos da una pista en su famosa frase: «Somos polvo de estrellas». ¿Qué significa que somos polvo de estrella? ¿A qué se refiere? Antes de explicar eso del polvo de estrellas hagamos una introducción a la teoría de la vida.

Una vez que la vida surge, la biología ofrece explicaciones de su evolución a través de teorías como el darwinismo. Sin embargo, lo que estas teorías no logran explicar es cómo comenzó la vida, es decir, cómo comenzó esa primera «pulsación vital». ¿Cómo surge la vida? Pues sin duda una característica de la vida es que pulsa, pero la materia a nivel atómico también lo hace. El tema es complejo, así que vamos a analizarlo con calma.

Primero quiero analizar el golpe más duro que se le propina a la teoría ortodoxa del origen de la vida y para ello empezaré por explicar sus postulados.

El origen de la vida en la Tierra es uno de los misterios más profundos y estimulantes que la ciencia busca resolver. Este tema ha capturado la imaginación de científicos, filósofos y del público en general durante siglos. En la actualidad, varias teorías científicas intentan explicar cómo se inició la vida a partir de la materia no viva, cada una de las cuales se apoya en distintos conjuntos de evidencias y experimentos.

Teorías ortodoxas sobre el origen de la vida.

1. **La sopa primordial y la teoría de Oparin-Haldane.**

   En la década de 1920, el bioquímico ruso A. Oparin y el científico británico J.B.S. Haldane propusieron de manera independiente que la vida en la Tierra podría haber comenzado en una «sopa primordial». Esta sopa habría estado compuesta de agua rica en moléculas orgánicas, expuesta a energía (como la radiación solar o los relámpagos), facilitando así la formación de compuestos más complejos. El famoso experimento de Miller-Urey (de 1953), proporcionó apoyo experimental a esta idea, al demostrar que los aminoácidos esenciales para la vida se podían formar a partir de gases simples en condiciones que simulaban la atmósfera primitiva de la Tierra.

2. **La teoría de los hidrotermales.**

   Otra teoría sugiere que la vida pudo haber comenzado en las profundidades del océano, cerca de los hidrotermales. Estas estructuras submarinas expulsan agua caliente rica en minerales, lo que podría haber creado un entorno rico en energía y químicos necesarios para el desarrollo de la vida. Los científicos han encontrado comunidades de microorganismos prósperas en estos ambientes extremos, algo que respalda la idea de que las condiciones allí podrían haber sido adecuadas para la formación de vida primitiva.

3. **La teoría del mundo de ARN.**

   La teoría del mundo de ARN postula que antes de la evolución de la vida basada en el ADN y las proteínas, la vida temprana pudo haber dependido completamente del ARN. Esta molécula es capaz de almacenar información genética y catalizar reacciones químicas, lo que la convierte en una candidata ideal para el material genético original. Experimentos recientes han demostrado que el ARN se puede formar bajo condiciones prebióticas y se puede replicar y evolucionar, lo que proporciona una base plausible para esta teoría.

4. **La panspermia.**

   Una idea más especulativa es la panspermia, que sugiere que la vida no se originó en la Tierra, sino que fue transportada hasta aquí desde otra parte del universo, probablemente a través de meteoritos. Si bien esta teoría no explica cómo se originó la vida en sí, sugiere un mecanismo mediante el cual la vida en la Tierra podría haber comenzado a través de semillas de vida provenientes del espacio exterior.

Cada una de estas teorías ofrece una visión diferente de cómo podría haber comenzado la vida, y es posible que más de una de ellas haya desempeñado un papel en el origen de la vida en la Tierra. La investigación continua en bioquímica, geología, astrobiología y otras disciplinas es crucial para avanzar en nuestra comprensión de este fenómeno fundamental. Mientras tanto, el misterio del origen de la vida sigue siendo una fuente de fascinación y un desafío significativo para la ciencia contemporánea.

Teoría del diseño inteligente

La teoría del diseño inteligente (DI) ofrece una crítica fundamental a las teorías científicas convencionales sobre el origen de la vida, particularmente aquellas que sostienen que la vida surgió de procesos naturales y aleatorios. La teoría del DI argumenta que ciertas características del universo y de los seres vivos se explican mejor mediante una causa inteligente (una forma científica de hablar de Dios), no por un proceso no dirigido como la selección natural.

Desde mi punto de vista, el punto más caliente y comprometedor es la teoría de la complejidad irreducible, que pone entre las cuerdas a la ciencia ortodoxa. Aunque ya hablamos sobre ello, dada la importancia del tema vamos a analizarlo con más detalle.

La complejidad irreducible

Una de las principales críticas de la teoría del diseño inteligente a las teorías del origen de la vida es el concepto de «complejidad irreducible». Michael Behe, uno de los proponentes más conocidos de esta teoría, argumenta que algunos sistemas biológicos son demasiado complejos para haber evolucionado mediante sucesivas modificaciones pequeñas. Según él, estos sistemas poseen múltiples partes interdependientes que deben estar presentes de forma simultánea para que el sistema funcione, lo que hace improbable su desarrollo gradual a través de la evolución darwiniana. Junto a otros defensores de esta teoría sostiene que esto indica una intervención inteligente.

Un ejemplo clásico empleado por Michael Behe para ilustrar el concepto de complejidad irreducible es el sistema de la trampa para ratones. Aunque no es un sistema biológico, lo emplea como una analogía sencilla.

La trampa para ratones estándar consta de varias partes esenciales: una base de madera, un muelle, una barra de sujeción, un martillo (la parte que golpea al ratón) y un mecanismo de disparo. Según Behe, si falta alguna de estas partes, la trampa deja de ser funcional. Por tanto, no es posible construir una trampa para ratones funcional añadiendo las piezas de forma gradual; todas las piezas deben estar presentes de forma simultánea para que el sistema funcione.

En términos biológicos, aplica esta idea al sistema de flagelos bacterianos, estructuras similares a motores que permiten el movimiento en ciertas bacterias, como la *Escherichia coli*. Los flagelos están compuestos por decenas de proteínas específicas que trabajan juntas para formar un sistema funcional de propulsión. Behe argumenta que, si falta alguna de estas proteínas, el flagelo pierde su capacidad de funcionar como motor. Por ello, considera que el flagelo bacteriano es un ejemplo de un sistema de complejidad irreducible, ya que no podría haberse desarrollado mediante una evolución gradual, donde cada paso debe ser funcional y ofrecer una ventaja selectiva.

Los críticos de Behe y de la teoría del diseño inteligente argumentan que estas afirmaciones ignoran posibles precursores funcionales y mecanismos evolutivos, como la cooptación (cuando estructuras existentes adquieren nuevas funciones), que podrían explicar cómo sistemas complejos pudieron evolucionar gradualmente. Por ejemplo, el sistema de secreción tipo III, una estructura más sencilla que comparten ciertas bacterias.

Behe define que un sistema es irreduciblemente complejo si está compuesto por varias partes interdependientes bien adaptadas para realizar una función específica, de tal manera que la eliminación de cualquier parte del sistema causa que el sistema deje de funcionar eficazmente. Sostiene que estos sistemas no pueden haber evolucionado mediante numerosas, sucesivas y ligeras modificaciones de un sistema precursor, porque cualquier precursor al que faltara alguna de las partes necesarias, no podría funcionar.

Volvamos a su idea más recurrente: el flagelo bacteriano. Se trata de un motor rotatorio molecular utilizado por algunas bacterias para moverse. Está compuesto por más de 40 proteínas estructurales diferentes. Según Behe, la ausencia de cualquiera de estas proteínas haría que el flagelo fallara en su función, por lo tanto, no podría haber evolucionado de manera gradual, porque un sistema parcialmente formado no funcionaría y no proporcionaría una ventaja evolutiva.

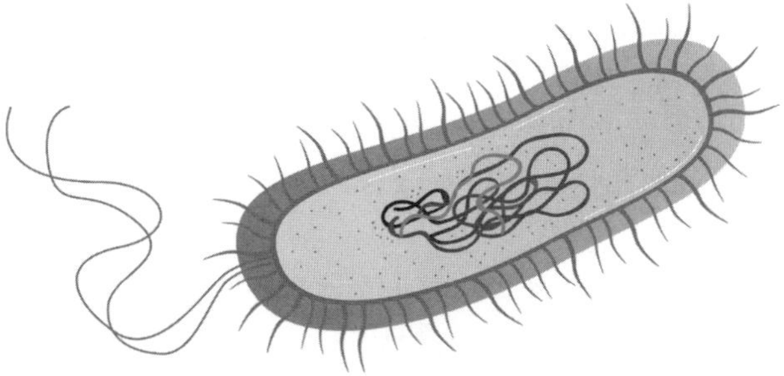

Figura 9.1.

En palabras de Behe[1 2]: «Un sistema que se compone de varias partes que interactúan y contribuyen a la función básica, donde la remoción de cualquiera de las partes hace que el sistema deje de funcionar de forma eficaz. Un sistema irreduciblemente complejo no puede producirse de forma gradual mediante ligeras modificaciones sucesivas de un sistema precursor, porque cualquier precursor de un sistema irreduciblemente complejo es, por definición, no funcional. Dado que la selección natural requiere una función para seleccionar, un sistema biológico irreduciblemente complejo, si existe tal cosa, tendría que surgir como una unidad integrada para que la selección que un evento tan repentino sería irreconciliable con el gradualismo que Darwin promovió. En este punto, sin embargo, "irreductiblemente complejo" es solo un término, cuyo poder reside principalmente en su definición. Ahora debemos preguntarnos si algo real es de hecho irreductiblemente complejo y, de ser así, entonces cualquier cosa irreductiblemente compleja también es un sistema biológico.

William Dembski,[3] otro defensor del diseño inteligente proporciona esta definición: «Un sistema que realiza una función primaria es irreduciblemente complejo si incluye un conjunto de partes individuales de una manera no arbitraria bien ordenada, que interactúan, de modo que cada parte es completamente esencial para mantener la función básica y, por lo tanto, original del sistema. El conjunto de estas partes se conoce como el sistema central irreducible esencial».

Críticas al Concepto

El concepto de complejidad irreducible ha sido ampliamente criticado por la comunidad científica por varias razones.

Muchos biólogos argumentan que los sistemas considerados irreduciblemente complejos por Behe en realidad podrían haber tenido funciones útiles en estados intermedios de su evolución. Esto contradice la afirmación de que un sistema parcialmente evolucionado sería completamente no funcional. Otra crítica, ya mencionada antes, es que los componentes de estos sistemas podrían haber evolucionado inicialmente para otras funciones y solo más tarde se reutilizaron en nuevos roles dentro de sistemas más complejos a través de un proceso conocido como cooptación.

Se ha documentado en numerosos estudios cómo pueden evolucionar sistemas que podrían parecer irreduciblemente complejos. Por ejemplo, se han propuesto varios modelos plausibles para la evolución del flagelo bacteriano que incluyen funciones útiles para estructuras parciales.

La idea de que las únicas formas válidas de funcionalidad son aquellas que observamos en el presente es una limitación significativa. Muchas estructuras biológicas pueden haber servido para diferentes propósitos en diferentes puntos de su desarrollo evolutivo.

Conclusión

Mientras que la idea de la complejidad irreducible sigue siendo un punto de discusión popular en ciertos círculos, especialmente entre aquellos que promueven el diseño inteligente, no es aceptada como una crítica válida de la evolución por la mayoría de la comunidad científica. Los avances en biología evolutiva continúan mostrando que la complejidad biológica puede surgir de procesos naturales y desafían la noción de que la complejidad biológica requiere un diseñador inteligente.

La información en el ADN

Otro argumento de esta teoría es que el ADN contiene información codificada de alta complejidad, similar a un programa o software. Según sus defensores, esta información es un ejemplo de un diseño inteligente porque la probabilidad de que tal secuencia compleja surja por casualidad es extremadamente baja. Argumentan que, al igual que un libro requiere un autor, la información compleja y funcional en el ADN requiere un diseñador inteligente.

Insuficiencia de las teorías actuales

Los proponentes del diseño inteligente a menudo critican las teorías científicas actuales sobre el origen de la vida por no explicar satisfactoriamente cómo surgieron las primeras formas de vida compleja a partir de materia inorgánica. Argumentan que explicaciones como la «sopa primordial» y las reacciones de los hidrotermales son insuficientes porque no explican completamente cómo las moléculas orgánicas simples podrían organizarse en estructuras biológicas complejas sin una guía o planificación externa.

Falta de evidencia empírica

Desde la perspectiva del diseño inteligente, las teorías sobre el origen de la vida carecen de evidencia empírica directa que demuestre cómo los procesos puramente naturales podrían dar lugar a la complejidad biológica observada. Los críticos del DI argumentan que esta visión malinterpreta o subestima la evidencia y los modelos existentes que explican la evolución biológica, pero su defensores insisten en que las teorías evolutivas no han replicado la generación de vida a partir de la no vida en condiciones de laboratorio.

La crítica del diseño inteligente a las teorías científicas sobre el origen de la vida se centra en la aparente improbabilidad de los procesos aleatorios para generar orden y complejidad biológica, y la percepción de que la vida exhibe signos de haber sido diseñada con un propósito. Aunque el diseño inteligente es controversial y no se acepta por la mayoría de la comunidad científica —que lo considera más una postura filosófica o teológica que una teoría científica—, sigue siendo un punto de discusión importante en los debates sobre el origen de la vida.

El Dao y el origen de la vida

Como hemos observado en el estudio del origen de la vida, tanto la teoría científica como la del diseño inteligente no proporcionan una explicación definitiva. Aunque la ciencia presenta argumentos que aún necesita verificar y demostrar, el diseño inteligente propone que un ser inteligente ha sido el organizador final de la vida. Desde mi perspectiva, que ciertamente puede ser debatible, ambos enfoques adolecen de una carencia fundamental: ninguna de las dos teorías ofrece una explicación completa y definitiva sobre el origen de la vida.

En este trabajo, hemos desarrollado una teoría según la cual, en el Dao, existe información que se manifiesta en el mundo observable a través de los campos mórficos. Estos campos evolucionan de acuerdo con las leyes darwinianas una vez están consolidados (recuerde la cruz horizontal). Es crucial entender que en el Dao no hay elementos que limiten la experiencia como sucede en el universo manifestado, ya que, como hemos indicado, en el campo del punto cero no existe ni materia ni energía, solo información y campos.

De esta observación, podemos deducir que en este mundo no existen ni tiempo ni espacio, pero sí información, la cual no está restringida por las leyes del universo manifestado. Esto implica que dentro del campo del punto cero, se pueden generar ideas o conceptos que no existen en el universo tangible. Cuando digo ideas y conceptos no me refiero a ideas de tipo mental, sino a enlaces de posibilidades que seguramente sean aleatorias, pero que se precipitan al universo manifestado, y alguna de esas posibilidades puede generar una estructura más compleja, que no se podría haber enlazado en el universo manifestado. Por ejemplo, al igual que el cerebro humano puede imaginar un elefante rosa, aunque este no exista en la naturaleza, en el campo del punto cero se podría dar esta capacidad de imaginar combinaciones posibles. Estas combinaciones podrían luego influir en el universo manifestado. De manera similar a como el ser humano inventa algo primero imaginándolo y luego materializándolo mediante su creatividad, el campo del punto cero actuaría como una fuerza creativa que interacciona con la información y luego la proyecta en el universo tangible. Si esta información posee una capacidad de organización y supervivencia superior, se establecerá de forma gradual. Esto podría explicar cómo emergen interacciones espontáneas en la materia que no se pueden explicar mediante procesos secuenciales ni darwinianos.

La teoría que hemos desarrollado intenta superar estas limitaciones incorporando conceptos del Dao y del campo del punto cero. Según esta visión, la información existente en el Dao se manifiesta en el mundo observable a través de los campos mórficos, que, una vez establecidos, evolucionan siguiendo principios similares a los de las leyes darwinianas. Este enfoque propone que el Dao funciona sin las restricciones típicas del universo manifestado: en el campo del punto cero, la ausencia de materia y energía deja un dominio gobernado únicamente por información y campos.

Implicaciones de la ausencia de tiempo y espacio

Esta característica única permite la generación de posibilidades que no están confinadas por las leyes físicas del universo tangible. Aquí, las «ideas y conceptos» trascienden las nociones mentales ordinarias para convertirse en enlaces de posibilidades, algunas de las cuales pueden ser aleatorias, pero capaces de precipitarse en el universo tangible y formar estructuras más complejas a partir de estructuras menos complejas que no podrían haberse formado directamente bajo condiciones universales manifiestas.

Vamos a realizar una analogía con la creatividad humana, atendiendo al postulado 6 («el Dao tiende a repetir patrones»). De manera análoga a cómo los humanos imaginan y luego materializan sus creaciones, el campo del punto cero actúa como una fuerza creativa que no solo almacena y transmite información, sino que también proyecta estas configuraciones en el universo tangible. Si la información manifestada posee una capacidad inherente de organización y supervivencia, esta se consolida y evoluciona, ofreciendo un posible mecanismo para la emergencia de complejidades biológicas que no se explican adecuadamente a través de procesos darwinianos convencionales.

Conclusión

Esta teoría sugiere que el origen y la evolución de la vida pueden estar influenciados por un plano subyacente de información y campos que trascienden nuestra comprensión tradicional de tiempo y espacio. A través de este marco, podemos comenzar a entender cómo ciertas estructuras y fenómenos biológicos podrían surgir de maneras que desafían las explicaciones mecanicistas o reduccionistas, proporcionando un enfoque más holístico y dinámico para estudiar el origen de la vida. Esta perspectiva no solo amplía nuestra comprensión científica, sino que también integra elementos de filosofía oriental y ofrece una visión más integradora y expansiva de la vida.

Analicemos esta propuesta sobre el origen de la vida, que integra elementos del Dao, de los campos mórficos y del campo del punto cero, pues ofrece una perspectiva intrigante y filosóficamente rica. Al centrarse en la información como la esencia fundamental del universo y su manifestación en formas vivas a través de procesos que trascienden las limitaciones convencionales de la materia y la energía, esta teoría invita a explorar las fronteras de la ciencia, la filosofía y la metafísica.

Fortalezas de la propuesta

- **Interdisciplinariedad:** El enfoque une conceptos de varias disciplinas, lo que puede enriquecer el debate científico con nuevas perspectivas y métodos. Al incorporar ideas de la física cuántica, la biología teórica y la filosofía oriental, se propone un marco que busca superar las limitaciones de las explicaciones puramente materialistas o reduccionistas.
- **Innovación en la conceptualización de la información:** Al considerar la información no como un simple subproducto de la materia, sino como un principio organizador fundamental, se ofrece una nueva manera de pensar sobre la emergencia de la vida y la evolución. Esto podría abrir caminos para investigaciones futuras que exploren cómo la información codifica, afecta y transforma los sistemas biológicos.

- **Expansión del campo de estudio:** Proponer que el campo del punto cero pueda actuar como una fuente de creatividad y complejidad introduce la posibilidad de que existan mecanismos aún no descubiertos o poco comprendidos que influyan en la formación de la vida. Esto puede motivar a los científicos a explorar más allá de los modelos establecidos y a buscar nuevas formas de evidencia empírica.

Desafíos y consideraciones críticas

- **Falsabilidad y empirismo:** Uno de los principales retos para esta teoría será establecer métodos por los cuales estas ideas puedan ser probadas empíricamente. La ciencia se basa en la capacidad de falsar las teorías a través de la experimentación. Sería esencial desarrollar experimentos o predicciones que puedan verificar o refutar los aspectos clave de esta propuesta.
- **Claridad conceptual:** Algunos de los términos y conceptos, como los campos mórficos y el campo del punto cero, necesitan una definición más rigurosa y una descripción detallada de cómo interactúan con la materia conocida y los procesos biológicos. Sin una definición clara, estas ideas corren el riesgo de ser vistas como especulativas o metafísicas sin base científica.
- **Integración con el conocimiento actual:** Aunque la teoría busca superar las limitaciones de las explicaciones actuales sobre el origen de la vida, es crucial que se construya sobre lo que ya se conoce y se ha verificado en biología, química y física. Debe haber una discusión sobre cómo una teoría se alinea, contradice o complementa las teorías existentes.

En resumen, y siendo sincero, la propuesta es estimulante y prometedora, ofrece un nuevo marco teórico para entender el origen de la vida. Sin embargo, para que gane aceptación y utilidad en la comunidad científica, será crucial abordar estos desafíos mediante un desarrollo teórico más detallado y estrategias para su validación empírica.

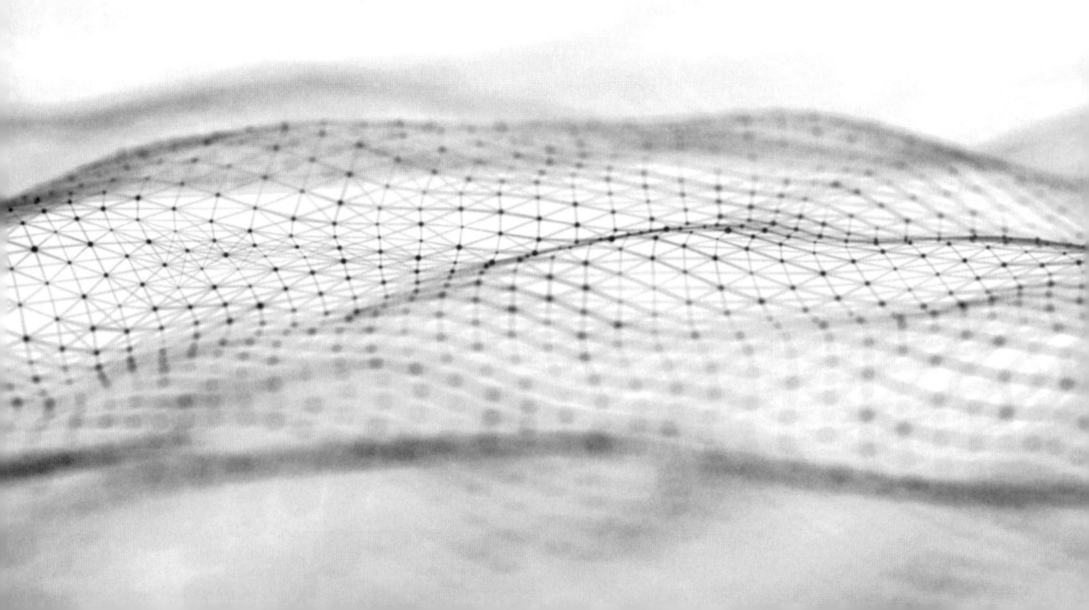

Capítulo 10

Los postulados

El Dao, entendido como un principio esencial y creativo, puede ser concebido como una base unificadora que conecta aspectos filosóficos, científicos y espirituales del universo. Desde esta perspectiva, el Dao no solo representa una realidad trascendente y eterna, sino que también puede ser interpretado en términos contemporáneos como un campo informacional que subyace en todas las manifestaciones de la materia y las formas. Esta visión permite integrar conceptos tradicionales, como el «motor inmóvil» de Aristóteles, con paradigmas modernos, como la morfogénesis y las teorías de la simulación. Para concluir que la vida surge desde esta conexión de fenómenos como sustancia inevitable del universo, la vida es la emergencia de esta información contenida en el Dao.

La proposición de que el Dao es información y que la información se plasma en la materia a través de las formas, sugiere una naturaleza intrínsecamente estructural y dinámica del universo: la vida no es más que una consecuencia de este proceso que se proyecta en el universo en un vaivén de información y evolución. En este marco, el Dao actúa como un molde primordial que genera patrones y da lugar a las formas visibles, desde lo más diminuto, como los átomos, hasta lo más vasto, como las galaxias. Aquí, la materia se interpreta no como una entidad estática, sino como información condensada, que refuerza la idea de que la estructura y el proceso son manifestaciones del mismo principio subyacente y la vida surge como un movimiento informacional y pulsatorio que replica los fenómenos propios del Dao.

Este enfoque no solo conecta conceptos filosóficos tradicionales con el pensamiento científico moderno, sino que también plantea una visión del universo como un sistema interdependiente y regido por patrones informacionales. El Dao, en este sentido, es tanto el origen como el proceso creativo, capaz de traducir la potencialidad abstracta en las formas concretas de la realidad.

Lo que emerge de esta síntesis es una visión profundamente integradora del universo, donde lo eterno (el Dao o el motor inmóvil) y lo dinámico (las formas, los procesos) no son opuestos, sino aspectos de una misma realidad. El Dao, entendido como información, no solo subyace en el orden visible, sino que también lo trasciende, proporcionando un marco explicativo para fenómenos tan diversos como la evolución biológica, la creación de patrones en la naturaleza y el comportamiento de sistemas complejos.

Esta interpretación tiene implicaciones no solo filosóficas, sino también éticas y existenciales. Si la materia y la vida misma son expresiones de un campo informacional primordial, entonces toda existencia está interconectada a través de ese flujo creativo que llamamos Dao. Esto invita a una visión del mundo donde se valora la unidad y la interdependencia, y se reconoce que cada forma y estructura está intrínsecamente relacionada con las demás.

Análisis de los postulados

Postulado 1: La pulsación

El Dao es movimiento y pulsación.

El Dao, entendido como una esencia primordial, puede interpretarse como una manifestación dinámica del universo. Este postulado enfatiza que el Dao no es estático, sino que vibra, se mueve y pulsa en un flujo constante, reflejando los ritmos fundamentales de la naturaleza. Este movimiento podría asociarse a conceptos físicos modernos, como las oscilaciones cuánticas o los patrones armónicos que estructuran la materia y la energía.

A lo largo de la historia, el concepto de movimiento ha sido central en la filosofía, abarcando desde el flujo perpetuo de Heráclito, quien lo veía como esencial para el cambio, hasta Parménides, que lo consideraba ilusorio. Aristóteles lo definió como el paso de la potencia al acto y lo integró en su cosmología mediante el primer motor inmóvil. En contraste, el atomismo de Demócrito y Epicuro describió el movimiento como interacciones atómicas en el vacío, mientras que Descartes y Newton lo mecanizaron bajo leyes físicas. Nietzsche retomó su carácter dinámico como devenir constante y Bergson lo entendió como un flujo cualitativo ligado a la duración y la vida. En síntesis, el movimiento ha sido interpretado como principio universal, ilusión o expresión vital, lo que refleja una complejidad que une filosofía y ciencia. En este sentido la vida es movimiento y toma la esencia del mismo del Dao de donde obtiene esa pulsación primaria.

El Dao, en tanto concepto primordial, puede entenderse como el hervidero del movimiento esencial, el lugar metafísico y ontológico desde el cual emana la pulsación primaria del universo y desde donde la vida toma su impulso. Este movimiento inicial no es solo el comienzo del desplazamiento físico, sino también la activación de la realidad misma, una dinámica que conecta lo inmaterial (información, potencial) con lo manifiesto (materia, energía). A tal efecto, el Dao es más que una fuente, es el campo subyacente que da coherencia, ritmo y dirección al cosmos, y la vida, como hemos señalado, toma su impulso.

En el Dao no se experimenta el movimiento, sino que se manifiesta a partir de él en el cosmos, a través de los conceptos de posición (x), velocidad (v), aceleración (a), momento (p) y tiempo (t), que son los pilares que encapsulan la descripción del movimiento en la física clásica y moderna. Cada uno de estos símbolos y conceptos contribuye a una comprensión precisa y detallada del movimiento en sus distintas formas. Debemos dejar claro que en el Dao no hay movimiento, sino que es del Dao de donde surge esa fuerza pulsátil, es la fuente primordial. Es posible que alguien se pregunte: «¿y de dónde extrae el Dao su potencialidad?». La respuesta más sencilla que la humanidad le ha dado a esta preguntar es apelar a Dios: «es de Dios de donde se saca esta potencialidad». Pero cabrían otras respuestas y si resulta que el Dao es la inversión de un agujero negro. Me explico: hay teorías que sostienen que los agujeros negros adsorben toda la materia del cosmos y son los promotores de otro universo, pues una parte del agujero absorbe y la otra emite.

La teoría que postula que los agujeros negros son generadores de nuevos universos sugiere que estos fenómenos cósmicos no solo absorben materia y energía, sino que podrían conectarse a otras regiones del espacio-tiempo, actuando como portales hacia nuevos universos. Esta hipótesis, basada en ideas de la relatividad general, plantea que el interior de un agujero negro, lejos de ser una singularidad colapsada, podría ser el punto de partida de un big bang local, donde se originan leyes físicas únicas en un universo hijo. Físicos como Lee Smolin han desarrollado modelos como la selección natural cosmológica, que sugiere que los universos con mayor capacidad para formar agujeros negros serían más propensos a «reproducirse», configurando un tipo de evolución cósmica. Esta propuesta, explorada también por científicos como Nikita Poplawski, quien analiza los agujeros negros rotatorios como posibles generadores de otros cosmos, tiene implicaciones profundas para la comprensión del multiverso y el origen de nuestro propio universo. Sin embargo, enfrenta desafíos significativos, como la falta de evidencia directa y la necesidad de resolver los misterios de la singularidad y los «puentes» espaciotemporales. Aunque especulativa, esta teoría redefine los agujeros negros como algo más que destructores y los convierte en posibles motores de creación cósmica en una red infinita de realidades.

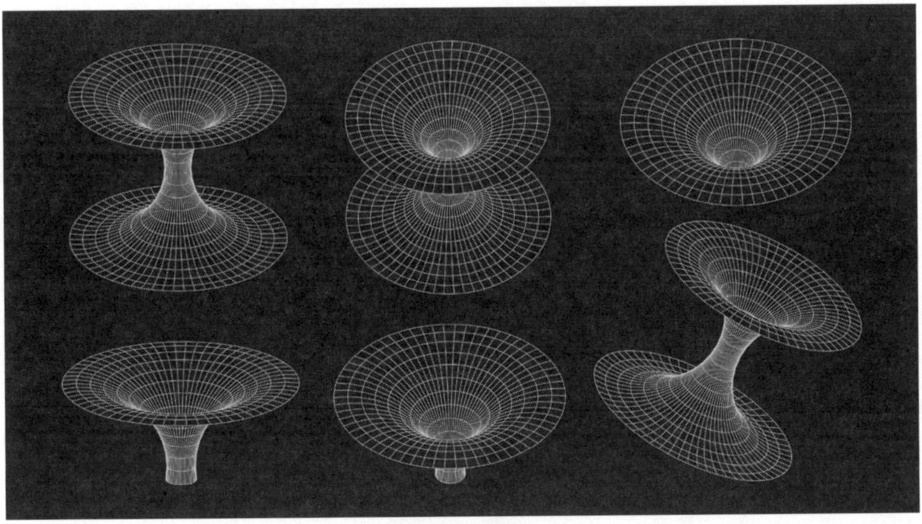

Figura 10.1.

Retomemos al movimiento desde el DAO. El movimiento primario se traduce en pulsaciones que permiten la formación de la materia. Esto puede relacionarse con el campo de Higgs en física, que otorga masa a las partículas elementales. En esta analogía, el Dao es como un «campo universal» que infunde las propiedades necesarias para que la materia pase de un estado de pura potencialidad a una forma tangible y dinámica. Este proceso no solo genera la materia, sino que también establece las reglas de su comportamiento, como la gravitación y las fuerzas nucleares, convirtiéndose en el arquitecto silencioso del universo. Al igual que Heráclito veía el movimiento como el flujo esencial de la realidad, el Dao puede interpretarse como el flujo subyacente que permite la existencia de todas las cosas. Sin embargo, mientras Aristóteles postulaba que el movimiento era el paso de la potencia al acto mediante una causa externa, el Dao sería esa causa inherente que opera en todos los niveles, desde lo cuántico hasta lo cósmico.

Sabemos que la vida es movimiento y ese movimiento se obtiene de esta pulsación del Dao, esto es quizás una forma moderna de entender esa fuerza vital de la que tanto se ha hablado en la historia del ser humano.

El vínculo del Dao con el movimiento primordial encuentra ecos en la física moderna por ejemplo en la teoría de cuerdas, que postula que el universo está compuesto por cuerdas vibrantes cuya frecuencia determina las partículas fundamentales. Estas vibraciones resuenan con la idea de un Dao que pulsa y vibra como base de la realidad.

El Dao no solo es el origen del movimiento, sino también su regulador y mantenedor. Al pulsar de manera constante y rítmica, establece las leyes naturales y los ciclos que gobiernan la materia, desde la oscilación de las partículas subatómicas hasta las órbitas de los planetas. Este carácter inherente del Dao como pulsación resonante crea un orden emergente que permea todo el cosmos y se refleja en fenómenos como los patrones fractales y las estructuras galácticas.

El yin y el yang, principios opuestos y complementarios, se derivan del Dao y describen todos los fenómenos naturales, incluido el movimiento. La pulsación primaria del Dao puede interpretarse como la interacción dinámica entre yin (la quietud, lo receptivo) y yang (el dinamismo, lo activo), que están en constante flujo para mantener la armonía.

En resumen, el Dao, como hervidero del movimiento esencial, no solo es el punto de partida del universo, sino la fuerza activa que mantiene su dinamismo e integra lo metafísico y lo físico en una danza cósmica que define la existencia.

Postulado 2: El campo de campos

El DAO, entendido como el «campo de campos», representa una concepción unificadora que va más allá de las categorías tradicionales de la física y la filosofía.

Al identificar al Dao como el origen y la síntesis de todos los campos existentes (gravitatorios, electromagnéticos, cuánticos y más), este postulado introduce una visión holística de la realidad, en la que todas las interacciones fundamentales no solo coexisten, sino que están profundamente interconectadas y derivan de un principio subyacente.

El término «campo» en física se refiere a una región del espacio donde ciertas propiedades, como fuerza o energía, son observables o medibles. Existen múltiples campos fundamentales, como:

- **Campo gravitatorio:** Responsable de la interacción gravitacional.
- **Campo electromagnético:** Vinculado a la electricidad y el magnetismo.
- **Campo cuántico:** Base de las partículas subatómicas y su comportamiento.

En este sentido, podría ser la vida un campo de fuerza y, es más, podría ser la conciencia también un campo de influencia. Si esto fuera así, la física debería encontrar estos puntos de unión y avanzar en un nuevo emerger teórico.

Al describir al Dao como el «campo de campos», se le asigna el papel de matriz universal o sustrato primario desde el cual emergen todos estos campos incluidas la propia vida y conciencia. El Dao no sería simplemente un campo más, sino el tejido subyacente que da origen, cohesión y propósito a estas manifestaciones individuales.

En la física moderna, una de las mayores búsquedas es la formulación de una «teoría del todo», que unifique las cuatro fuerzas fundamentales:

- **Fuerza gravitatoria**
- **Fuerza electromagnética**
- **Fuerza nuclear fuerte**
- **Fuerza nuclear débil**

El Dao, como «campo de campos», se posiciona metafóricamente como esa unificación última, no solo integrando estas fuerzas, sino proporcionando una dimensión metafísica en la que no solo las interacciones físicas coexisten, sino que tienen un propósito y una relación simbiótica. En este marco, el Dao podría conceptualizarse como el equivalente a una supercuerda en la teoría de cuerdas, donde todas las partículas y fuerzas son manifestaciones vibracionales y de una misma esencia subyacente.

El Dao no solo unifica los campos en un sentido físico, sino que también trasciende esta descripción para incluir elementos que la física clásica no abarca, como la conciencia, la información y la intencionalidad y, por supuesto, la propia vida. Esto introduce una dimensión holística en la que la materia, la energía y la información no son entidades separadas, sino manifestaciones de una misma realidad fundamental. El Dao actúa como un puente entre lo visible (lo medible) y lo invisible (lo metafísico o lo informacional).

Esta visión se alinea con teorías emergentes como la hipótesis de los campos mórficos (Rupert Sheldrake), que postula la existencia de campos informacionales que guían las formas y los patrones en la naturaleza.

En física cuántica, el vacío cuántico no es una «nada», sino un estado fundamental lleno de energía potencial, donde ocurren fluctuaciones constantes que crean partículas virtuales. En este contexto, el Dao podría interpretarse como una versión ampliada del vacío cuántico, un espacio primordial donde todas las posibilidades existen en forma latente antes de manifestarse en campos individuales.

Al igual que el vacío cuántico da lugar a partículas y energía, el Dao podría ser visto como un campo de potencial infinito donde todo existe en estado germinal antes de manifestarse como realidades físicas o informacionales.

Históricamente, el concepto de un principio unificador no es nuevo. Filósofos como Platón y Aristóteles buscaron un «primer principio» que explicara la totalidad de las cosas. Más recientemente, el monismo de Spinoza y las ideas de Hegel sobre la síntesis universal también apuntan hacia un fundamento único.

En la filosofía oriental, el Dao se presenta como un concepto profundamente integrador. En el taoísmo, es el origen y sustento de toda existencia, el camino que conecta todas las cosas. Esta visión trasciende la dicotomía entre sujeto y objeto y propone que todo está interrelacionado en un campo infinito y dinámico.

Finalmente, el Dao como «campo de campos» no es pasivo; es dinámico y creativo. Desde esta perspectiva: es el motor del cambio y la evolución, que proporcionan el sustrato para que los campos interactúen, se transformen y se autoorganicen. Es el origen de patrones y leyes universales, que emergen desde la simplicidad primordial hacia la complejidad que observamos en el universo.

Postulado 3: La información

Tradicionalmente, la física y la biología han estado centradas en la materia y la energía como pilares fundamentales, sin embargo, la información se empieza a observar como el sustento esencial del universo, con el Dao actuando como un campo creativo puro. Esto no solo redefine nuestra forma de entender el cosmos, no todo es materia y energía, sino que también establece un marco unificador entre lo físico, lo biológico y lo metafísico al añadir un concepto nuevo, la información.

La concepción clásica del universo, influenciada por las leyes de la termodinámica y la teoría de la relatividad, ha reconocido la materia y la energía como las bases fundamentales de la realidad. Sin embargo, con el advenimiento de la teoría de la información, ha surgido una visión en la que la información no es simplemente un atributo de los sistemas, sino su «estructura esencial». En este marco, el Dao es el campo donde la información no solo existe, sino que es la fuerza creadora que organiza y codifica la materia y la energía, transformándolas en formas y estructuras observables, en el cosmos.

En el Dao es donde está la información y el cosmos es su depositario.

En física, la información se ha convertido en un concepto crucial, especialmente en áreas como la teoría cuántica, la cosmología y la computación cuántica: teoría de la información cuántica. Esta disciplina sugiere que las partículas subatómicas no solo tienen propiedades físicas, sino que contienen información esencial que define su comportamiento y relaciones creando las formas que se observan en la naturaleza, estas formas adquieren movimiento gracias al postulado 1 y la vida surge de esa línea creadora como acontecimiento necesario.

En biología, la información está intrínsecamente ligada a la vida. Las moléculas como el ADN son portadoras de la información genética que regula el desarrollo, la función y la evolución de los organismos. Si en la biología tradicional el ADN es el «código de la vida», en un nivel más profundo, el Dao actúa como el «campo creativo» que contiene el código universal que organiza la vida y conecta todos los sistemas vivos en un entramado informacional.

El universo no es simplemente un conjunto de objetos y fenómenos, sino un entramado de información interconectada. Cada partícula, ser vivo y evento es una manifestación del flujo informacional que emana del Dao. En este marco, la conciencia no es un fenómeno aislado, sino una manifestación avanzada de la capacidad del universo para procesar información. El Dao, al ser el origen informacional, también puede considerarse la fuente de la conciencia universal, a tal efecto, la conciencia al igual que la vida es un fenómeno más como puede ser la gravedad. El problema es que la gravedad nos afecta a nosotros como seres vivos y tenemos la ilusión de que esta ahí fuera de nosotros, mientras que la vida y la propia consciencia son algo intrínseco a nuestro ser y por ello no podemos entenderlas y percibirlas como algo aislado de nosotros. Esto nos genera la gran confusión que no logramos entender y que nos ha confundido a lo largo de la historia, no entendemos qué es la vida y qué es la conciencia, porque nosotros somos precisamente materia que tiene vida y conciencia y esos atributos no los identificamos como un algo, sino más bien, como nosotros mismos. Para evitar esta confusión es que propongo que la vida y la conciencia se deben separar de la experiencia del ser para analizarlas desde conceptos metafísicos que posiblemente aún se deberían de crear, este es un punto de inicio.

La información, en el contexto del Dao, también actúa como un principio antientrópico. En términos termodinámicos, la entropía mide el desorden en un sistema, pero la información es neguentropía, un principio que organiza, estructura y da propósito al universo. Mientras el universo tiende hacia el desorden según la segunda ley de la termodinámica, el Dao actúa como un contrapunto que genera estructuras complejas y patrones a partir del caos.

El postulado de que en el Dao existe la virtud de la información, redefine la forma de entender la realidad. En vez de ver el universo como una suma de materia y energía, este enfoque lo concibe como un entramado de información creativa que estructura y proyecta el cosmos. Al actuar como el origen y la síntesis de todas las formas, el Dao se convierte en un puente entre lo físico y lo metafísico e integra la ciencia, la biología y la filosofía en una visión unificada de la existencia. En este sentido, el Dao no solo es el principio creativo del universo, sino también su arquitecto y su memoria infinita.

Postulado 4: El éter del siglo XXI

El éter fue un concepto clave en las primeras formulaciones científicas y filosóficas sobre el universo. Sin embargo, mientras que el éter clásico era entendido como un medio material que permeaba el espacio para justificar la propagación de fenómenos como la luz, en el Dao se plantea como una entidad metafísica o informacional. Es decir, no es un medio físico, sino un sustrato más profundo e intangible que subyace en las propiedades físicas y dinámicas del universo observable.

En la antigüedad y hasta el siglo XIX, el éter se proponía como un medio universal que llenaba el vacío del espacio y permitía la transmisión de ondas de luz. Aunque desechado por la física moderna tras la teoría de la relatividad de Einstein, que postuló que el espacio-tiempo no requiere un medio para la propagación de las ondas electromagnéticas, el concepto dejó un vacío en la comprensión filosófica del sustrato del universo. En este contexto, el Dao no es un medio material, sino una matriz informacional y creativa. Es el sustrato del que emergen, no solo las propiedades físicas como masa, energía y tiempo, sino también las leyes y patrones que rigen la realidad.

Al igual que el éter clásico, el Dao lo permea todo, pero su naturaleza no es material. Es un campo informacional que opera como el hervidero creativo de donde surgen los fenómenos observables. Aunque no es detectable como una sustancia física, sus efectos se manifiestan en las leyes de la naturaleza, las interacciones entre partículas y las propiedades emergentes, como la gravitación o las fuerzas nucleares.

La idea del Dao como el éter del siglo XXI encuentra paralelismos en teorías y conceptos emergentes en la física moderna:

- **Vacío cuántico**
- **Campo de Higgs**
- **Teoría de cuerdas**

La reintroducción del concepto de éter a través del Dao tiene profundas implicaciones metafísicas: el Dao no solo explica la coherencia física del universo, sino que también lo conecta con una dimensión más amplia que trasciende lo material e integra la conciencia, la información y las leyes físicas. Al igual que el éter clásico unificaba el cosmos en una única sustancia, el Dao unifica todas las dimensiones de la existencia, desde las partículas subatómicas hasta los fenómenos macroscópicos y las estructuras cósmicas.

Implicaciones Científicas y Filosóficas

La concepción del Dao como el éter del siglo XXI plantea preguntas y oportunidades para la integración de ciencia y filosofía. Si el espacio-tiempo es una manifestación de un sustrato informacional más profundo (el Dao), podrían surgir nuevas formas de comprender fenómenos como la gravedad, la expansión cósmica y las interacciones cuánticas. La inclusión de información y conciencia en el marco del Dao sugiere una visión integrada donde la mente humana y el universo son expresiones de un mismo campo subyacente.

Postulado 5: Masa yin

La idea de que el Dao, a través del éter, genera masa yin encuentra paralelismos en conceptos contemporáneos de la física: el campo de Higgs otorga masa a las partículas fundamentales y permite que adquieran propiedades físicas en vez de permanecer como entidades energéticas sin forma. De manera análoga, el éter en este postulado podría funcionar como un campo primordial que genera la «masa yin» a partir de la información contenida en el Dao.

En cosmología, la materia oscura es un componente del universo que no emite luz ni interactúa directamente con la energía, pero cuya presencia estabiliza las galaxias y las estructuras cósmicas. La masa yin podría relacionarse simbólicamente con este tipo de materia que actúa de manera receptiva y estabilizadora.

Desde una perspectiva metafísica, la masa yin representa el aspecto femenino, receptivo y formador de la creación. La masa yin, generada por el Dao a través del éter, podría simbolizar el principio de contención, que permite que las fuerzas activas del universo (yang) tengan un marco donde operar. Sin este aspecto receptivo, las dinámicas activas carecerían de propósito y dirección. El proceso de creación universal requiere tanto de lo activo como de lo receptivo. El Dao, como origen de ambas cualidades, asegura que exista un equilibrio dinámico entre yin y yang, lo que permite que el universo evolucione en armonía. El Dao no es exclusivamente yin ni yang, sino la totalidad que los incluye y trasciende. La generación de masa yin a través del éter refleja esta dinámica, en la que el aspecto receptivo (yin) complementa y equilibra al aspecto activo (yang). La masa yin podría interpretarse como una manifestación tangible de los principios del Dao, que asegura que el universo mantenga un equilibrio entre creación y contención, entre expansión y estabilidad.

La masa yin también puede entenderse en términos de las propiedades estabilizadoras necesarias en cualquier sistema dinámico:

- **En sistemas planetarios:** En el movimiento de los planetas, las fuerzas gravitatorias actúan como un equilibrio estabilizador (yin) frente a la energía cinética que impulsa sus órbitas (yang).
- **En sistemas biológicos:** En los organismos vivos, la masa yin puede simbolizar el soporte estructural (huesos, tejidos) que equilibra las dinámicas activas (metabolismo, movimiento).

Conexión con tradiciones espirituales

La noción de masa yin generada por el Dao encuentra resonancia en otras tradiciones espirituales:

- **Hinduismo y Shakti:** En la filosofía védica, Shakti representa la energía femenina creativa que da forma a la creación, un principio que se alinea con la idea de la masa yin como el aspecto receptivo que equilibra la energía activa del cosmos.
- **La cábala y el principio femenino:** En la cábala, el principio femenino (Binah) actúa como el contenedor y estabilizador que da forma y estructura a la energía creativa masculina (Chokmah). Este paralelismo refleja la dinámica entre el Dao, el éter y la masa yin.

Postulado 6: Evolución

El Dao se rige por patrones repetitivos que evolucionan, lo que introduce una visión dinámica del universo, donde lo recurrente no implica estancamiento, sino una base para la transformación continua. Este enfoque encuentra paralelismos tanto en la filosofía como en la ciencia contemporánea, en especial en conceptos como los fractales, los ciclos cósmicos y las teorías evolutivas, que destacan cómo las estructuras repetitivas dan lugar a complejidad y cambio. Tal como hemos recalcado en los postulados anteriores, en el Dao se encuentra la información, dicha información evoluciona de forma constante y genera patrones de forma-materia que se establecen el cosmos como manifestación tangible, y es aquí donde la evolución establece su permanencia (o ausencia). Aunque los patrones se repiten, no son meras copias; cada iteración puede variar ligeramente, permitiendo la evolución y la diversidad dentro de un marco de orden. Esto sugiere que el Dao no solo organiza la realidad, sino que también promueve la innovación y el cambio.

En muchas tradiciones filosóficas y científicas, el universo se concibe como un sistema cíclico, por ejemplo, los ciclos de la filosofía china como el yin y el yang o los de los cinco elementos, reflejan un universo donde las transformaciones siguen patrones cíclicos. El Dao, como principio subyacente, asegura que estos ciclos sean repetitivos a la par que evolutivos, permitiendo que el cambio sea constante. En la física, fenómenos como las oscilaciones del universo (teorías del Big Bang y del Big Crunch) y los ciclos de formación y destrucción estelar reflejan cómo los patrones cíclicos estructuran la evolución cósmica.

Este postulado introduce una idea fundamental: la repetición no es sinónimo de inmovilidad, sino una base para la transformación. El Dao utiliza patrones recurrentes como un «andamiaje» para la evolución. Por ejemplo, en la biología, los patrones repetitivos del ADN permiten la replicación y, a su vez, las mutaciones que conducen a la evolución. Aunque los ciclos se repiten, cada iteración puede incorporar cambios sutiles que, con el tiempo, generan estructuras más complejas. Esto sugiere que el Dao no solo mantiene el orden, sino que también lo impulsa hacia formas superiores de organización.

El concepto de patrones repetitivos que evolucionan encuentra resonancia en varias disciplinas científicas. En sistemas caóticos, como el clima o el movimiento de fluidos, emergen patrones repetitivos que, aunque parezcan aleatorios, están gobernados por leyes subyacentes. El Dao puede entenderse como el principio que guía esta dinámica y asegura que el caos sea creativo en vez de ser destructivo.

Matemáticamente, los fractales son estructuras que se generan mediante iteraciones repetitivas de fórmulas simples. De manera análoga, el Dao podría ser visto como el «algoritmo cósmico» que genera la realidad mediante iteraciones constantes. Para construir este «algoritmo cósmico», debemos considerar ciertos elementos esenciales:

- **Patrón inicial (semilla):** Un estado inicial simple que contiene toda la potencialidad del universo. En el caso del Dao, este patrón podría representar la información primordial o los principios fundamentales del cosmos (el yin yang y el equilibrio).
- **Reglas de iteración:** Instrucciones que determinan cómo se transforma y evoluciona el patrón inicial en cada ciclo. Estas reglas son análogas a las leyes universales que rigen la realidad.
- **Escalabilidad:** La capacidad de generar estructuras repetitivas en diferentes niveles, desde lo subatómico hasta lo macrocósmico.
- **Evolución dentro de la repetición:** Cada iteración introduce variaciones sutiles que permiten el cambio y la diversificación.
- **Semilla inicial:** Un patrón o punto inicial (Z_0) que contiene el potencial infinito del Dao.
- **Regla de iteración:** Una fórmula iterativa que transforma el patrón inicial. Por ejemplo, en el caso de los fractales clásicos:

$$z_{n+1} = z_n^2 + c$$

  Donde Z_n es el patrón actual, c es una constante que introduce diversidad y n es la iteración.
- **Evaluación:** Se analiza el resultado de cada iteración para determinar su evolución y estabilidad.

Analogía con el Dao

- **Z_0:** Representa el estado actual de la realidad.
- **c:** Representa las condiciones del entorno o las fuerzas (como yin y yang) que afectan la evolución.
- **n (iteraciones):** Cada paso del algoritmo es una «pulsación cósmica» del Dao, que genera complejidad a partir de simplicidad.

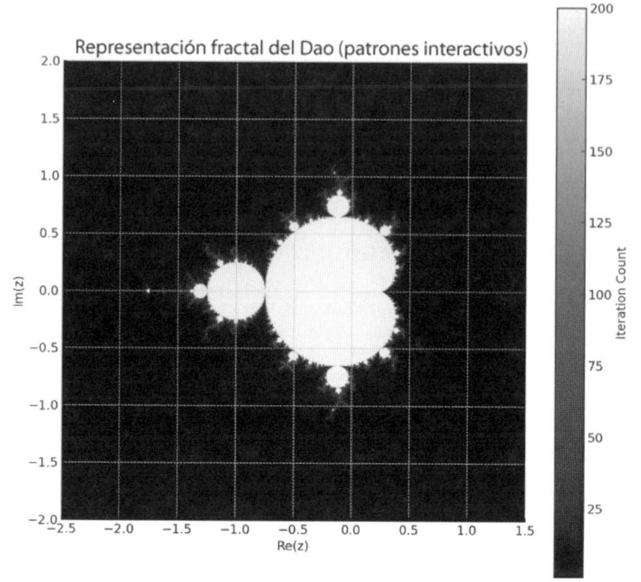

Figura 10.2.

La imagen generada representa un fractal basado en la fórmula iterativa anterior. Este fractal refleja cómo patrones repetitivos y evolutivos, inspirados en el Dao, pueden dar lugar a una complejidad infinita, manteniendo una coherencia intrínseca con las iteraciones previas. En este modelo, el Dao actúa como el principio organizador, transformando una semilla inicial en estructuras ricas y dinámicas mediante un proceso iterativo constante. Si deseas ajustar parámetros o explorar más aspectos de esta fórmula, puedo ayudarte a perfeccionarla.

Filosofía Evolutiva y el Dao

Desde una perspectiva filosófica, la repetición y la evolución que rigen el Dao reflejan una visión integradora del cambio, que encuentra paralelismos con la noción del «eterno retorno» de Nietzsche, donde la repetición no es estática, sino un motor del devenir. Por otro lado, la dialéctica de Hegel puede asociarse a la evolución de los patrones del Dao en la que los ciclos de tesis, antítesis y síntesis conducen a un progreso continuo en la historia y la existencia.

El Dao no solo regula patrones repetitivos, sino que asegura que evolucionen para adaptarse a las necesidades del universo. Al regirse por patrones repetitivos, el Dao establece un orden fundamental que subyace en la aparente complejidad del universo. Cada estructura, desde átomos hasta galaxias, se construye sobre este principio de repetición, una especie de isomorfismo. Aunque los patrones son repetitivos, su evolución asegura que el cambio sea una constante en el universo, permitiendo la renovación y la creación.

Postulado 7: Mar de posibilidades

El postulado que define al Dao como un «mar de posibilidades» establece una visión profundamente integradora entre la física moderna y las tradiciones filosóficas, especialmente el *I Ching*. En este contexto, el campo de Higgs actúa como un horizonte donde las potencialidades del Dao se manifiestan en forma de materia y energía, mientras que el *I Ching* aporta una dimensión simbólica y estructural que conecta lo material y lo inmaterial, el *I Ching* sería el código, es decir la información citada anteriormente.

El Dao se concibe como un estado primordial de potencialidad, donde todas las posibilidades existen simultáneamente. Este concepto tiene paralelismos directos con el principio de superposición cuántica, según el cual las partículas subatómicas pueden existir en múltiples estados hasta que son observadas.

Al igual que el Dao, el estado cuántico de una partícula no está determinado hasta que se colapsa mediante la observación o la interacción con otro sistema. Esto refuerza la idea de que el Dao es un «mar» donde lo posible coexiste antes de cristalizarse en realidades específicas. Podríamos decir que el cosmos es el colapso de las posibilidades que se dan en el Dao, el cosmos es el fenómeno de colapso de la información.

El campo de Higgs, en la física moderna, es responsable de otorgar masa a las partículas fundamentales a través de su interacción. En este postulado, el campo de Higgs actúa como el «horizonte» del Dao, donde la potencialidad encuentra forma y sustancia. El Dao, como mar de posibilidades, necesita un horizonte (el campo de Higgs) que funcione como mecanismo de cristalización. Este horizonte convierte lo inmaterial e informacional en materia tangible. Es donde se da el colapso y se manifiesta el cosmos.

El Dao y el I Ching: Conexión filosófica y simbólica

El *I Ching*, o *Libro de las mutaciones*, es una antigua herramienta filosófica y simbólica que describe las transformaciones de la realidad a través de 64 hexagramas, cada uno de los cuales está compuesto por líneas yin (receptivas) y yang (activas).

Los patrones del I Ching como el lenguaje del Dao

Los hexagramas del *I Ching* pueden interpretarse como patrones que emergen del mar de posibilidades del Dao. Cada hexagrama representa un estado específico del universo, pero todos están interconectados y reflejan las dinámicas de cambio inherentes al Dao. El *I Ching*, al igual que el Dao, describe la realidad como un proceso de transformación constante, donde los estados se repiten, pero evolucionan en nuevas formas, conectando lo eterno con lo temporal.

La relación entre el Dao, el campo de Higgs y el *I Ching* establece un puente conceptual entre la física moderna y las tradiciones filosóficas antiguas.

La física cuántica y el I Ching

La idea de que el Dao es un mar de posibilidades está en sintonía con la noción cuántica de que el universo no es determinista, sino probabilístico. El *I Ching*, con sus hexagramas, puede verse como un sistema simbólico que mapea esas probabilidades.

El campo de Higgs y lo potencial

En este modelo, el campo de Higgs actúa como el punto de encuentro entre las ideas modernas de interacción física y las nociones filosóficas del Dao, que ve la realidad como una interacción dinámica entre lo visible (yang) y lo invisible (yin).

El Dao proporciona la información y la energía necesarias para que las posibilidades se conviertan en realidades específicas, ya sea en el nivel cuántico (partículas) como en el macrocósmico (galaxias). El campo de Higgs puede interpretarse como el «umbral» donde las posibilidades del Dao se encuentran con las leyes del universo, generando las estructuras que conocemos.

Postulado 8: La fuerza creativa

El postulado de que la fuerza creativa es una fuerza que va en contra de la entropía describe un principio fundamental del universo donde la creación no solo genera orden, sino que también resiste el desorden inherente al cosmos. Desde una perspectiva termodinámica, la entropía mide la tendencia natural de los sistemas hacia el caos y el equilibrio termodinámico, pero el Dao, como fuente de neguentropía, actúa como un principio organizador que da forma, estructura y significado a la existencia.

En la termodinámica, la entropía es una medida del desorden de un sistema. Todos los procesos naturales tienden a maximizar la entropía, llevando los sistemas hacia estados de equilibrio y mínima energía utilizable. Si bien la segunda ley de la termodinámica afirma que la entropía de un sistema aislado siempre aumenta, los sistemas abiertos, como los organismos vivos, pueden mantener o reducir su entropía local al intercambiar energía e información con su entorno. Esto es una manifestación de la neguentropía que el Dao simboliza.

En contraste, la neguentropía es un proceso que reduce el desorden, al generar estructuras organizadas y mantener la complejidad. La vida misma es un ejemplo de neguentropía, donde los organismos absorben energía y la transforman para mantener su orden interno, de algún modo son sistemas que acumulan información. En este marco, el Dao no solo genera el universo, sino que también actúa como un principio antientrópico que crea y sostiene estructuras, ciclos y patrones, para asegurar la continuidad y evolución de la vida y el cosmos. Según el físico Erwin Schrödinger, en *¿Qué es la vida?*, los organismos vivos mantienen su estructura compleja al alimentarse de neguentropía. Esto posiciona al Dao como un principio universal que organiza la vida y su evolución.

La creación, ya sea en el nivel cósmico, biológico o humano, puede entenderse como un acto que resiste el avance de la entropía. La formación de galaxias, estrellas y planetas a partir de nubes de gas y polvo es un proceso que organiza la materia, contrarrestando el desorden. En este contexto, el Dao es la fuerza creativa que impulsa estas transformaciones estructuradas.

En la vida, los organismos vivos extraen energía del entorno (a través de alimentos, luz solar, etc.) y la utilizan para construir y mantener su complejidad, resistiendo la tendencia natural hacia el desorden. Esto refleja la forma en que actúa el Dao como fuente constante de orden creativo.

Dao como principio organizador del universo

El Dao no solo contrarresta la entropía, sino que también establece un orden creativo que da forma al universo. Utiliza principios repetitivos y evolutivos para generar estructuras fractales, como las galaxias, las formas naturales y los ciclos biológicos. Estas estructuras actúan como refugios de orden en un universo que tiende al caos.

Como sustentadora de la vida, la fuerza creativa del Dao no solo genera patrones, sino que también asegura que estos evolucionen y se adapten, mientras mantienen la vitalidad del cosmos. Reconocer al Dao como fuente de neguentropía invita a explorar cómo los sistemas vivos y los ecosistemas utilizan energía para mantener su equilibrio y adaptarse a los cambios. Este postulado sugiere que el universo no es un sistema cerrado que inevitablemente se descompone, sino que existen principios creativos subyacentes que generan orden incluso en medio del caos.

Postulado 9: La viga maestra

En este modelo, la viga maestra no es una estructura física, sino un marco conceptual universal que organiza y mantiene la coherencia de las formas y procesos. Así como una viga maestra sostiene una construcción física, esta viga metafísica asegura que los campos mórficos mantengan su influencia organizadora sobre las formas naturales. La viga maestra unifica los patrones desde lo microscópico (partículas, células) hasta lo macroscópico (ecosistemas, galaxias), para asegurr que cada nivel sea parte de un sistema interconectado. La viga maestra puede interpretarse como una «columna vertebral metafísica» que sostiene estos campos mórficos, para garantizar su transmisión y continuidad a lo largo del tiempo y el espacio. Podemos decir que la viga maestra sería, como hemos explicado en los puntos anteriores, la frontera de la manifestación entre el Dao y el cosmos, muy en relación con el campo de Higgs.

Postulado 10: No hay espacio ni tiempo ni materia

En el Dao no hay espacio ni tiempo ni materia, lo que posiciona a este concepto como una dimensión fundamental de existencia que trasciende las limitaciones del universo físico. En esta visión, el Dao no es un objeto ni un lugar, sino un estado primordial que sirve como el origen de todo lo observable. Este enfoque conecta nociones metafísicas con teorías cuánticas modernas, y sugiere que el espacio, el tiempo y la materia son propiedades emergentes derivadas de una realidad más profunda e inmaterial.

El Dao no está sujeto a las leyes que rigen el espacio, el tiempo y la materia. En cambio, es la matriz subyacente que permite que estas dimensiones emerjan como realidades perceptibles. En el Dao, todo existe en un estado potencial, sin manifestarse como formas definidas. Es un campo de pura posibilidad, la información está en estado latente. En la física cuántica, se sugiere que el espacio y el tiempo no son fundamentales, sino que emergen de procesos más básicos. Por ejemplo, la teoría de la gravedad cuántica plantea que el espacio-tiempo surge de la interrelación entre partículas y campos cuánticos. El Dao, como dimensión pura, podría entenderse como ese estado previo a la emergencia del espacio-tiempo.

El Dao, al no estar sujeto al tiempo, es eterno. No tiene un inicio ni un fin, y su naturaleza trasciende las secuencias lineales de pasado, presente y futuro. Aunque el Dao mismo es intemporal, es la fuente de todas las transformaciones. El tiempo, como lo experimentamos, surge de la interacción entre las manifestaciones del Dao en la realidad física.

La materia, en esta visión, no es fundamental, sino una cristalización de patrones informacionales provenientes del Dao. Lo que percibimos como sólido y tangible no es más que una expresión temporal de sus dinámicas subyacentes.

Si espacio, tiempo y materia son emergentes, entonces lo que consideramos «real» es una construcción derivada de un estado más profundo. El Dao representa ese fundamento inmaterial. La ausencia de espacio y tiempo implica que todas las cosas están conectadas en el Dao. No hay separación, solo una unidad esencial que se manifiesta como diversidad en el plano físico.

Desde una perspectiva espiritual, el Dao invita a explorar la realidad más allá de las percepciones limitadas por el espacio, el tiempo y la materia, abriendo posibilidades para comprender la existencia de una manera más profunda.

Postulado 11: La teoría del todo

El postulado que afirma que la información de las cuatro fuerzas fundamentales debe estar unida en el Dao, posiciona a este concepto como el soporte esencial para la unificación de la física. Estas cuatro fuerzas —gravitatoria, electromagnética, nuclear fuerte y nuclear débil— son las interacciones fundamentales que rigen el universo. Sin embargo, la búsqueda de una teoría del todo, que las integre bajo un marco único, sigue siendo uno de los mayores desafíos de la física moderna. En este contexto, el Dao se plantea como el reservorio informacional y organizador universal, donde estas fuerzas no solo coexisten, sino que están intrínsecamente unidas, es obvio que aquí solo estamos señalando esta hipótesis, el cómo demostrarlo deberá de ser objeto de investigaciones futuras. Estas fuerzas parecen operar de manera independiente, pero su unificación es crucial para comprender la naturaleza última del universo. En este modelo, las cuatro fuerzas no solo interactúan, sino que comparten un patrón informacional común almacenado en el Dao, que organiza y guía su manifestación en la realidad física. La búsqueda de una teoría del todo, que unifique las cuatro fuerzas fundamentales, ha llevado al desarrollo de varias teorías físicas avanzadas:

- **Teoría de la relatividad general:** Describe la gravedad como la curvatura del espacio-tiempo, pero no incluye las otras tres fuerzas.
- **Mecánica cuántica:** Describe las interacciones a nivel subatómico, pero no puede explicar la gravedad.
- **Teoría de cuerdas:** Propone que las partículas fundamentales son vibraciones de cuerdas diminutas, capaces de unificar las fuerzas dentro de un marco matemático.

En este contexto, el Dao puede conceptualizarse como el estado fundamental del que emergen todas estas teorías, proporcionando una visión unificada y metafísica.

Postulado 12: La información es la forma.

El postulado de que el Dao es información y que la información es la forma que adquiere la materia que es invisible a nuestros ojos, propone una relación intrínseca entre los conceptos de datos y estructuras. En este modelo, el Dao se presenta como el molde informacional primordial que genera las formas del universo, las cuales se manifiestan en la materia y dan lugar a las estructuras visibles. Este enfoque conecta ideas tradicionales sobre la creación y el orden con conceptos contemporáneos como la morfogénesis y las teorías de la simulación, estableciendo al Dao como la base subyacente de todo lo que existe.

En este marco, el Dao no solo contiene información: es información. Cada estructura, proceso y fenómeno que existe en el universo es una manifestación de los patrones informacionales contenidos en el Dao. La materia no es más que información condensada. El Dao actúa como un campo creativo que traduce esta información en las formas que observamos, desde átomos hasta galaxias.

En este libro no he hablado de las teorías de la simulación que, aunque no coinciden con nuestro punto de vista, sí que es interesante exponerlas. En este enfoque, la realidad no es material en su esencia, sino una construcción basada en información y, en este aspecto, es muy similar a nuestras ideas.

Relación entre información, materia y energía: la triada esencial

Este postulado posiciona a la información como el tercer componente esencial del universo, junto con la materia y la energía. En el Dao, la información actúa como el principio organizador que da estructura y función a la materia y la energía. La materia no es independiente de la información; es una manifestación concreta de patrones informacionales más profundos que residen en el Dao.

Este postulado es muy similar a las ideas de Platón: la noción platónica de que las formas perfectas (ideas) son el origen de las realidades materiales. El Dao sería el depositario de estas ideas.

Postulado 13: Tanto indeterminación como determinación

Este postulado describe una dualidad en el funcionamiento del universo, donde el Dao representa lo indeterminado y flexible, en contraste con la naturaleza determinada del cosmos. Esto podría vincularse con el principio de incertidumbre en la física cuántica.

Esta idea se encuentra implícita en los principios del taoísmo, donde el Dao se describe como algo que viene de arriba a abajo, lo que sugiere una procedencia que va de lo más abstracto y espiritual a lo más concreto y material. Este flujo podría interpretarse como una transición de lo más sutil e indefinible a lo manifiesto. En el taoísmo, el Dao es la fuente, el camino y el principio que subyace bajo todo el universo, pero permanece sin definirse completamente por sí mismo; es flexible e indeterminado. Este aspecto del Dao resalta su naturaleza inaprensible y su capacidad para adaptarse y abarcar todas las posibilidades sin confinarse a una sola forma o resultado.

En contraste, el cosmos se describe como determinado y está abajo, lo que puede interpretarse como el orden manifestado del universo, el mundo natural y físico que observamos. Este es el aspecto del universo que puede ser estudiado, comprendido y predicho a través de las leyes naturales. Es determinado porque funciona según principios y leyes que se pueden conocer y que dictan la estructura y el comportamiento del universo material.

Por tanto, la interacción entre el Dao y el cosmos ilustra una tensión entre lo indeterminado y lo determinado. Este enfoque dual no solo refleja la complementariedad de los principios taoístas sino también la manera en que las filosofías orientales abordan conceptos como el equilibrio, la armonía y la interdependencia entre lo manifestado y lo oculto, lo eterno y lo efímero.

Por otro lado esto me recuerda al trabajo de Deleuze, influyente filósofo francés cuyo trabajo abarcó una amplia gama de temas y disciplinas, incluidas la metafísica, la literatura, el cine y la psicología. Deleuze es conocido por su enfoque innovador en la filosofía, que a menudo involucra la reinterpretación de figuras históricas como Spinoza, Nietzsche y Kant, entre otros. Nos habla del orden plegado, que se refiere a un proceso interno o a una dimensión oculta que contiene potenciales múltiples (virtualidades) que no se manifiestan de forma explícita. Es una forma de orden que se encuentra «dentro» o inherente a las estructuras, pero que no es inmediatamente visible o aparente. Este orden está compuesto de «pliegues» que albergan capacidades y dimensiones que se pueden desplegar bajo ciertas condiciones. En el contexto de Spinoza, se relaciona con la idea de la sustancia que contiene todos los atributos y modos en una unidad compleja y profundamente interconectada.

Por otro lado, el orden desplegado representa la expresión o la manifestación de esos pliegues en la realidad concreta. Es el orden que observamos y experimentamos directamente, donde los potenciales ocultos en los pliegues se realizan y se materializan. En términos deleuzianos, el despliegue ocurre cuando el potencial virtual se actualiza en formas y fenómenos reales.

Postulado 14: El agente activo de Aristóteles

Asociamos el Dao con el «motor inmóvil» de Aristóteles por su naturaleza como principio fundamental y creativo que subyace en todas las manifestaciones del universo. Aristóteles describe al motor inmóvil como una causa primaria que, sin ser movida por nada, genera movimiento y orden en el cosmos. De manera similar, el Dao, en la filosofía china, se presenta como el origen inmutable y eterno de todas las cosas, el principio que estructura y dinamiza la existencia sin ser alterado por ella.

Esta conexión filosófica permite reinterpretar el «motor inmóvil» como un agente activo en términos informacionales, donde el Dao, entendido como la base primordial, no solo contiene la potencialidad de las formas sino que también es el origen de los patrones y leyes que rigen el universo. En ambos casos, el Dao y el motor inmóvil representan un fundamento trascendente e inteligible que da coherencia al cosmos, vinculando tradiciones filosóficas orientales y occidentales en una visión unificada del origen y la dinámica universal.

Postulado 15: La neguentropía y la luz

La luz, como fuente de energía y orden, se presenta como el elemento esencial que contrarresta la entropía en los sistemas vivos. Este postulado enfatiza el papel del Dao como facilitador de la vida y del orden universal.

En el universo observable, la entropía, que mide el desorden o la aleatoriedad, tiende a incrementarse con el tiempo, según dicta la segunda ley de la termodinámica. Esta ley sostiene que, en sistemas aislados, el orden tiende a degradarse y se desplaza inevitablemente hacia estados de mayor caos y menor organización. Sin embargo, en este panorama aparentemente sombrío de desorden creciente, la vida en la Tierra emerge como una excepción fascinante gracias a un fenómeno conocido como neguentropía. Los seres vivos son capaces de mantener y, de hecho, aumentar su orden interno a pesar de la tendencia universal hacia el desorden. Lo logran mediante procesos que localmente reducen su propia entropía a expensas de incrementar la entropía del ambiente circundante, cumpliendo así con la ley termodinámica, pero en un contexto localizado y dirigido.

La luz solar juega un papel crucial en este proceso de mantener el orden biológico. A través de la fotosíntesis, las plantas capturan la energía lumínica y la convierten en energía química en forma de carbohidratos, estructuras ordenadas que almacenan energía. Durante este proceso, las plantas no solo sustentan su propio crecimiento y desarrollo, sino que también forman la base de las cadenas alimentarias, que soportan la vida animal y humana. Además, la fotosíntesis libera oxígeno, un subproducto esencial para la respiración de la mayoría de los seres vivos. Así, la luz no solo es una fuente de energía sino también un agente de orden, que permite a los sistemas vivos desarrollarse y mantener su estructura en medio de un universo inclinado hacia el caos.

Desde una perspectiva más filosófica, la luz se puede considerar como un símbolo de pureza, sabiduría y un principio ordenador fundamental. En muchas tradiciones filosóficas, la luz es vista como un elemento clave que imparte estructura y propósito al cosmos. Esta visión encuentra resonancia en la idea del Dao como principio ordenador y generativo y subraya cómo la luz, tanto en su manifestación física como en su simbolismo, contrarresta la entropía y cultiva el orden. Esta interacción entre la ciencia y la filosofía no solo profundiza nuestra comprensión de la física y la termodinámica, sino que también enriquece nuestra percepción del universo como un entrelazamiento de fuerzas físicas y metafísicas.

Postulado 16: Las formas son la información del cosmos

Este principio conecta la forma con su propósito funcional, destacando que las estructuras del universo no son aleatorias, sino expresiones de información organizada.

Postulado 17: La permanencia y emergencia al cosmos

El DAO se percibe como un principio dual que asegura tanto la estabilidad (permanencia) como la capacidad de cambio (emergencia) del universo. Esto refuerza su papel como fundamento de la realidad.

Postulado 18: La historia

El Dao es concebido como un transmisor universal de información, capaz de influir y manifestarse a lo largo del tiempo. Este postulado puede relacionarse con la idea de una memoria cósmica o un campo akásico.

Una vez explicados los postulados podemos entender la complejidad de la vida y su emergencia como necesidad propia del universo a través de este sistema de información. La vida emerge como consecuencia inevitable de los procesos evolutivos del Dao, y su complejidad resulta del laboratorio intrínseco del propio Dao con sus leyes alejadas de la física del cosmos, esto nos lleva a comprender también que la información se puede entender como la propia conciencia del universo.

La conciencia y pansiquismo

«La conciencia como la información de todo: hacia una comprensión pansiquista».

Al concebir el Dao como un campo donde la información es la virtud fundamental, es posible ampliar este marco hacia una interpretación de la conciencia como la información misma que permea todas las cosas. Este enfoque se alinea con una perspectiva pansiquista, que sostiene que la conciencia no es exclusiva de los organismos complejos, sino una propiedad intrínseca del universo. Así, la conciencia sería no solo un producto del cerebro humano, sino una manifestación directa del entramado informacional universal que emana del Dao.

En este marco, la conciencia no se limita a los sistemas nerviosos ni a la biología, sino que se entiende como la información procesada y experimentada en diferentes niveles de organización.

Este enfoque puede sintetizarse en los siguientes puntos:

- **La conciencia como propiedad fundamental:** Al igual que la masa o la energía, la información (y por ende, la conciencia) es una propiedad inherente al universo. Todo sistema, desde las partículas subatómicas hasta las galaxias, participa en el intercambio y organización de información, lo que puede considerarse una forma primaria de conciencia.
- **El pansiquismo:** El pansiquismo es una corriente filosófica que postula que todos los componentes del universo poseen algún grado de conciencia, aunque en formas extremadamente diversas. Desde esta perspectiva, incluso las partículas elementales contienen una protoconciencia, que se manifiesta en su capacidad para interactuar y responder a su entorno. Por ejemplo, el entrelazamiento cuántico muestra cómo partículas separadas espacialmente conocen el estado de la otra, lo que podría interpretarse como una forma rudimentaria de conciencia. En organismos más complejos, como los humanos, la conciencia se manifiesta como una experiencia subjetiva elaborada, producto de la interacción entre múltiples niveles de información procesada.

En una escala macro, las galaxias, los sistemas solares y los campos gravitatorios podrían considerarse expresiones de conciencia cósmica, donde la información opera en formas más sutiles y expansivas. Esto nos lleva a la siguiente reflexión: «Si el Dao es el origen de toda información, también es el origen de la conciencia, porque esta no es más que la expresión cualitativa de la información en distintos contextos». Desde esta perspectiva: El Dao, al ser el campo de campos, contiene la capacidad de generar patrones informacionales que son experimentados como conciencia en todos los niveles de la existencia.

La complejidad de la conciencia depende de la organización del sistema. Por ejemplo, una célula tiene un nivel de conciencia diferente al de un organismo multicelular, pero ambos son manifestaciones del mismo principio informacional.

El pansiquismo encuentra un soporte conceptual en la teoría de la información, que considera que todo sistema físico puede describirse en términos de bits informacionales: «Un sistema básico, como un electrón, contiene información sobre su posición, energía y momento. Un sistema complejo, como un cerebro, procesa y organiza cantidades masivas de información, dando lugar a experiencias conscientes». En este marco, la conciencia es el resultado directo de la capacidad de un sistema para organizar y procesar información y todos los sistemas poseen esta capacidad en mayor o menor medida.

Si el Dao es el origen y la matriz informacional, entonces el universo entero puede concebirse como un sistema consciente en su totalidad.

Cada forma de conciencia individual (humana, animal, vegetal, etc.) sería una manifestación local de esta conciencia universal, conectada a través del Dao.

Este enfoque podría ampliar la comprensión de la conciencia humana, al considerar no solo el cerebro, sino también la información que fluye a través del cuerpo y su entorno.

La relación entre observador y realidad en la mecánica cuántica sugiere que la conciencia influye en el comportamiento de las partículas, lo que podría interpretarse como una interacción directa con el Dao.

Para finalizar me gustaría señalar la teoría del universo participativo, que fue popularizada por el físico teórico John Archibald Wheeler. Wheeler, quien también tuvo un papel crucial en el desarrollo de la teoría de la relatividad y la mecánica cuántica, introdujo esta idea como una extensión de los principios cuánticos, enfatizando cómo la observación y, más ampliamente, la participación, pueden ser fundamentales en la formación de la realidad. Su idea me lleva a entender que el Dao es el agente que observa.

Wheeler sugirió que la realidad es, en cierta medida, creada por los observadores participantes dentro del universo. Según este enfoque, el universo no es un ente pasivo y completo que simplemente «existe» de forma independiente de quienes lo observan. En cambio, Wheeler postuló que los observadores son agentes activos cuyas medidas y observaciones afectan y ayudan a definir las propiedades y el comportamiento de los sistemas físicos. Esta idea se basa en la interpretación de Copenhague de la mecánica cuántica, donde la función de onda de un sistema colapsa en un estado particular cuando es observado. Sin duda esta idea es compleja de entender, pero postulamos que todo tiene conciencia y que el Dao crea la materia y esta a su vez presenta algún nivel de conciencia que puede autopercibirse con un yo rudimentario, por tanto, puede bastar para autoobservarse y autocrearse.

El concepto de un universo participativo lleva consigo profundas implicaciones filosóficas. Plantea preguntas sobre la naturaleza de la realidad y el papel del conocimiento y la observación en la constitución de lo que consideramos real. Si los observadores son necesarios para dar forma a la estructura fundamental del universo, entonces la línea entre sujeto y objeto, entre observador y observado, se vuelve menos clara y más entrelazada.

En términos de física, la idea de Wheeler anima a repensar nuestra forma de entender las leyes del universo. No solo implica que el universo es influenciado por nuestra observación, sino que podría sugerir que la realidad misma es, hasta cierto punto, dependiente o cocreada por las interacciones entre el observador y el sistema observado. Este punto de vista tiene paralelismos con teorías y debates relacionados con la filosofía de la mente, la epistemología y la teoría de la información.

Esta perspectiva de Wheeler está en consonancia con algunas interpretaciones y desarrollos de la mecánica cuántica, como la teoría de la decoherencia cuántica y los experimentos relacionados con el entrelazamiento cuántico. Además, ha influenciado no solo a físicos y filósofos, sino también a teólogos y artistas, quienes ven en el universo participativo una forma más integral y holística de entender nuestra relación con el cosmos.

En resumen, el universo participativo de Wheeler ofrece una visión de un cosmos donde la observación no es simplemente un acto de registro pasivo, sino un acto de creación, lo que subraya una interacción dinámica y fundamental entre los seres conscientes y el universo físico. Esta idea invita a explorar más profundamente la forma en que la conciencia y la realidad están interconectadas, una pregunta que sigue estimulando debates en muchas disciplinas.

Referencias bibliográficas

Capítulo 1: El pie de página que retó al Dao

1. Michael-Yver Bolloré, Olivier Bonnassies. (2023). *Dios, la ciencia, las pruebas*. Funambulista.

Capítulo 2: La semilla del movimiento y la pulsación

1. Olexa-Myron Bilaniuk y E. C. George Sudarshan (1 de mayo de 1969). «Particles beyond the light barrier». *Physics Today*, 22(5): 43–51. https://doi.org/10.1063/1.3035574.
2. David Bohn (1987). *La totalidad y el orden implicado*. Editorial Kairos.
3. David Villar (2023). *La Medicina del sonido. Musicamento*. Oberon.
4. Charlie Rose (29 de marzo de 2012). «A Conversation with Dr. Stephen Hawking and Lucy Hawking».
5. Brian Clegg (2015). *50 Temas fascinantes de la física cuántica que invitan a reflexionar*. Editorial Blume.
6. Lynne Mctaggart (2002). *El campo*. Sirio.
7. Juan Arnau (2023). *Materia que respira luz, ensayo de filosofía cuántica*. Galaxia de Gutenberg.
8. http://www.isdhub.com/richard-k-obousy/.
9. TeresaVersyp (2013). *La dimensión cuántica*. Book Print Digital.
10. Hal Putoff (1972). *Toward a quantum theory of life process*. Inédito.

Capítulo 3: El campo de la semilla

1. Alberto Casas y Teresa Rodrigo. (2013). *El bosón de Higgs*. CSIC.
2. E. Laszlo. (1995). «The interconnected universe». *World Scientific*.
3. A. C. Clarke. (1996). «When will the real space age begin?». *Ad Astra*.
4. Thomas. (2003). *Crop Circles*. Silueta.

Capítulo 4

1. Alberto Casas y Teresa Rodrigo (2013). *El Bosón de Higgs*. CSIC.
2. Albert Michelson y E. Morley. *The book of Nothing*.
3. https://www.europapress.es/ciencia/laboratorio/noticia-observan-primera-vez-descomposicion-boson-higgs-quarks-fondo-20180828142054.
4. Moltó Ripoll (2023). *Canon de la Acupuntura integrativa Científica*. AMAZON.
5. Gastón SouBlette (2022). *El I Ching y la sabiduría prehistórica*. Ediciones UC.
6. Eva Wong (2022). *Taoísmo*. Zenith.

Capítulo 5

1. Juan Pablo Moltó (2018). *Anatomía de la mente*. Ediciones PNA.

Capítulo 6

1. Stephen Hawking y Leonard Mlodinow (2010). *El Gran diseño*. Booket.
2. A. Friedmann (1922). *Über die Krümmung des Raumes*. Zeitschrift für Physik.
3. Cita del libro: *Arrugas del tiempo* (1994). Plaza y Janés.
4. Chow yih-Ching. *La philosophie Morale dans le Neo-Confuncionisme*. Presses Universitaires France.
5. http://www.abc.es/ciencia/20150302/abci-primera-fotografia-como-particula-201503021734.html.
6. R. Nave. (2012). «Dualidad Onda-Corpúsculo». *Hyper Physics*. Georgia State University. Department of Physics and Astronomy.
7. F.A.Wolf (2006). *La mente en la materia*. Gaia.
8. H.Puthoff (1987). «Ground state of hydrogen as a zero-point-fluctuation-determined state». *Physical Review*.

Capítulo 7

1. Wolfgang Smith. *El enigma cuántico: Descubriendo la clave oculta (Reflejos de Actualidad)*. Sexota.
2. Juan Pablo Moltó Ripoll (2024). *Acupuntura Espiritual*. PNA.
3. José Enrique Campillo (2022). *El universo en un bit*. Arpa
4. Gurudev, M.V., Childress, L., Jiang, L., Togan, E., Maze, J., Jelezko, F., Zibrov, A.S., Hemmer, P.R. y Lukin, M.D. (2007). «Quantum register based on individual electronic and nuclear qubits in diamond». *Science 316*, pp. 1312-1316.
5. M.A. Nielsen y I.L. Chuang (2000). *Quantum Computation and Quantum Information*. Cambridge University Press. ISBN 978-0521635035.
6. Michael Behe. *Darwin's Black Box* [La caja negra de Darwin].
7. E. Schrödinger (2011). *¿Qué es la vida?* Metatemas.

Capítulo 8

1. Alexander Oparin. *El Origen de la vida*. Akal
2. R. Sheldrake (2011). *Una nueva ciencia de la vida*. Editorial Kairos.
3. L. Messen. *La biorresonancia*.
4. H. Puthoff (1990). «The energic vacuum: Implications for energy research, speculations in science and technology». 13: pp. 247-257.
5. Lifshitz Landau (1991). *Mecánica*. Ed. Reverté, p.158 - 175.
6. Rupert Sheldrake (1981). *Una nueva ciencia de la vida*. Kairos.
7. Gardner, M. (1970). «Mathematical games. The fantastic combinations of John Conway's new solitaire game "life"». *Scientific American, 223*(4), pp. 120-123.

Capítulo 9

1. Behe, M. J. (27 de diciembre de 1987). «Molecular Machines: Experimental Support for the Design Inference». *Intelligent Design, Research & Analysis*.
2. Behe, M. J. (1996). *Darwin's Black Box: The Biochemical Challenge to Evolution*. Touchstone, Simon & Schuster, p. 39-40. ISBN: 0684834936.
3. Dembski, W. A. (2007). *No Free Lunch: Why Specified Complexity Cannot Be Purchased Without Intelligence*. RLPG, p.285. ISBN: 074255810X.